# 能源安全大数据分析

黄艳蓉 著

中国财经出版传媒集团
中国财政经济出版社
·北京·

**图书在版编目（CIP）数据**

能源安全大数据分析／黄艳蓉著．--北京：中国财政经济出版社，2024.5

ISBN 978-7-5223-3045-7

Ⅰ．①能…　Ⅱ．①黄…　Ⅲ．①数据处理　Ⅳ．①TP274

中国国家版本馆CIP数据核字（2024）第072232号

责任编辑：闫　娟　李肇晗　　　　责任校对：张　凡

封面设计：罗靖怡　　　　　　　　责任印制：史大鹏

能源安全大数据分析

NENGYUAN ANQUAN DASHUJU FENXI

中国财政经济出版社 出版

URL：http：//www.cfeph.cn

E-mail：cfeph@cfeph.cn



社址：北京市海淀区阜成路甲28号　邮政编码：100142

营销中心电话：010-88191522

天猫网店：中国财政经济出版社旗舰店

网址：https：//zgczjjcbs.tmall.com

中煤（北京）印务有限公司印刷　各地新华书店经销

成品尺寸：170mm×240mm　16开　13.75印张　200 000字

2024年5月第1版　2024年5月北京第1次印刷

定价：68.00元

ISBN 978-7-5223-3045-7

（图书出现印装问题，本社负责调换，电话：010-88190548）

本社图书质量投诉电话：010-88190744

**打击盗版举报热线：010-88191661　QQ：2242791300**

# 前　言

能源安全是国家安全与稳定发展的基石，事关国家经济社会发展战略和全局，对国家繁荣发展、人民生活改善和社会长治久安至关重要。目前，受能源技术革命、全球能源低碳转型、全球气候挑战加剧、俄乌冲突等多重因素的影响，能源市场的波动加剧，全球能源局势更加复杂，全球能源格局正经历前所未有的地缘政治和市场变革。此外，随着全球能源生产和消费格局的加速变化以及人类能源消费的逐步低碳化，世界能源体系正面临历史性的调整。评估我国能源安全现状，推进新型能源体系建设，保障能源安全已成为国家经济可持续发展的关键问题。

与此同时，能源大数据为能源安全分析研究提供了前所未有的契机。凭借机数据挖掘和机器学习技术，挖掘出隐藏于能源大数据内部的信息与知识，将大量未经整理的原始数据转化为有效的决策信息，以优化能源安全管理决策，为能源安全研究提供了新的视角和思路。

本书将深入探讨能源大数据在能源安全分析中的应用，通过系统梳理能源安全的基本理论，结合大数据分析的先进理念与技术，对我国能源安全的多个维度进行深入探讨和实证分析。本书包括10个章节，内容涵盖了我国能源安全基本态势、能源安全理论、大数据分析方法、能源安全研究热点与趋势分析、能源安全影响因素分析、能源安全供需安全分析、能源贸易结构安全分析、能源转型结构安全分析、化石能源环境安全分析，以及能源安全政策建议等，从全面、深入、前沿的视角，以数据为驱动，揭示能源安全领域的内在规律和潜在风险，为我国能源安全战略决策提供科学依据，为学术界、政策制定者、行业专家以及关心能源发展的社会各界人士提供有价值的参考。本书的具体内容如下：

第1章介绍能源安全大数据分析的研究背景，从我国能源供需安全、能源结构安全、能源环境安全三个方面，提供一个整体的研究框架。通过阐述能源安全的研究背景以及我国能源安全的基本态势，帮助读者理解当前全球和中国能源安全面临的主要挑战。

第2章为理论基础部分，重点介绍了能源安全和大数据分析的相关理论。首先，明确了能源安全的基本概念，并深入探讨了大数据的定义和特征。然后，本章详细梳理了能源安全理论，阐述了风险管理理论中的三个关键环节：风险识别、风险评估和风险应对。最后，介绍了大数据分析的核心理论，包括数据挖掘、机器学习和数据可视化理论。本章为后续的数据分析方法应用提供了坚实的理论基础和技术框架，帮助读者更好地理解如何利用大数据技术提升能源安全管理水平。

第3章聚焦于能源安全领域的大数据分析方法。本章全面介绍了多种数据分析技术及其在能源安全中的应用，包括机器学习方法、文本挖掘方法、统计学方法、文献计量法、社会网络分析、贸易结构安全性测算和能源增量贡献测算方法等。本章从多个角度介绍了能源安全问题研究的分析技术，为后续的能源大数据分析提供技术支持和方法基础。

第4章重点分析了能源安全研究的热点与发展趋势。结合文献数据，运用 Citespace 文献计量工具和知识图谱可视化方法，通过对能源安全领域研究情况进行分析，获取 Web of Science (WOS) 数据库大量文献，从能源安全研究现状、热点研究领域、能源安全趋势演变等方面进行了全面、系统的分析，揭示了能源安全领域的研究热点及演变趋势，为未来的研究提供了宝贵的理论支持和实践参考。

第5章聚焦于我国能源安全的影响因素分析。通过综合运用自然语言处理、社会网络分析和机器学习方法，对权威媒体的网络新闻进行文本数据挖掘，识别影响能源安全的关键因素及其相互关系。运用TF-IDF词频统计、社会网络分析以及LDA文本主题模型等方法，对能源安全影响因素进行了多维度的分析，揭示了能源安全面临的七大核心主题，为构建我国能源安全预测预警机制提供理论支撑。

第6章探讨了我国石油供需安全问题，提出了一种基于循环神经网络的具有较高准确率和稳定性的石油需求预测方法。本章运用灰色关联法分析了石油供需量的主要影响因素，并利用深度神经网络模型（包括级联前向神经网络、前馈反向传播神经网络、Elman递归神经网络和循环神经网络）进行石油需求的预测分析，通过实证分析验证方法的精准性和稳定性。

第7章分析了我国能源贸易结构安全问题，重点聚焦于石油贸易结构的安全性。本章通过获取海关大数据，运用进口集中度、香农熵指数等方法，对2017—2021年我国石油品种的进口格局进行定量评估，深入探讨了石油原油、车用汽油、航空汽油等七种石油品种的贸易结构安全问题，为优化石油品种的进口结构，进行能源贸易安全管理提供了重要的理论依据和策略指导。

第8章分析了“双碳目标”下我国能源转型结构安全问题。本章通过采集中国国家统计局发布的年度数据，运用弹性分析法、增量贡献法、加权移动平均法和情景分析法，预测了中国未来能源需求结构的变化及化石燃料的消费趋势，并对2030年和2035年汽油、煤油、柴油和燃料油等化石燃料的消费量进行了详细预测分析。通过分析为我国能源转型和“双碳目标”实施过程中保障我国能源安全提供了科学依据与政策建议，为实现绿色低碳转型奠定了理论基础。

第9章探讨了“双碳目标”下我国化石能源环境安全问题。本章通过收集和预处理碳排放大数据，运用岭回归、ARIMA时间序列模型、BP神经网络和线性回归等多种分析方法，对我国六种主要化石燃料（原煤、焦炭、原油、煤油、柴油和天然气）的需求进行了详细预测，分析环境约束下我国化石能源需求的未来发展趋势，为国家能源政策的制定提供了决策支持，也为化石燃料的安全预警与管理提供了科学依据和方法论指导。

第10章主要围绕我国能源安全提出政策建议，重点聚焦于加快构建新型能源体系、促进能源清洁高效利用以及推动能源领域技术创新。随着全球能源危机和气候变化日益严峻，我国亟须转变传统能源消费模式，推动能源结构优化和升级。本章建议通过加速新型能源体系的构建，增强能源的清洁高效利用，进一步推动绿色能源技术的创新和应用，以实现能源安全、经济可持续发展和环境保护的多重目标。这些政策措施将为我国应对能源挑战、保障能源安全提供重要的战略指引。

读者通过本书可以更深入地了解大数据技术在能源安全领域中的应用，包括能源供需、能源结构、环境安全等方面的风险评估与预测方法。本书适合能源安全、管理科学、环境科学等领域的研究人员、高校师生，以及能源公司、政府监管部门等相关专业人士阅读。本书旨在为研究机构人员及高校师生拓宽能源安全研究的视野并提供参考；为企业从业者及管理人员提供数据支持与理论依据；同时为政府部门在能源安全政策制定、能源管理优化及能源风险应对方面，给出具有实践意义的指导建议。

由于本书涉及多个学科前沿，知识面广，作者水平有限，书中难免存在疏漏之处，恳请广大同行、读者批评指正。

# 目　录

# 第1章　绪　　论

## 1.1　研究背景

能源是现代文明和经济发展的重要物质基础，其生产、分配和利用已成为世界政治经济结构中不可缺少的组成部分[1]。能源安全是国家安全与稳定发展的基石[2]，事关国家经济社会发展战略和全局，对国家繁荣发展、人民生活改善和社会长治久安至关重要[3]。国际能源署（International Energy Agency，IEA）将能源安全定义为：一个国家或地区能够以合理价格获得可靠能源供应，且能源使用不以牺牲环境为代价。有研究指出，能源安全主要是能源供应安全和使用安全二者有机统一[3],[4]，即国家或地区的能源储量充足，且供应和使用安全，以满足生产和生活需求。随着经济和社会的发展以及自然环境间的矛盾日益加剧，对能源安全涵盖的范围也逐渐扩展到能源结构、能源环境和可持续发展等领域。

目前，全球能源格局正经历着前所未有的地缘和市场的深刻变革[1]。一方面，世界能源体系经历着全球能源生产消费格局加速调整、人类能源消费日益低碳化的历史性变化，也呈现出世界能源市场急剧波动、国际能源地缘政治竞争加剧的阶段性场景[4]。受能源技术革命、全球能源低碳转型、全球气候挑战加剧、俄乌冲突等一系列因素的影响，我国所面临的能源形势日趋复杂，能源安全问题已成为攸关国家经济发展的重大战略问题[1]。另一方面，能源大数据为能源安全分析带来了前所未有的新契机。凭借数据挖掘和机器学习技术，挖掘出隐藏于能源大数据内部的信息与知识，使原始的、未经整理的数据可以被转化成可支撑应用需求的决策关键信息，并运用信息优化决策极为重要。

油气资源是全球能源市场的主体，是新兴工业化国家最依赖的能源。2018 年全球石油和天然气在能源消费中的比例接近 60%。我国作为工业化大国，能源消费和“富煤、贫油、少气”的能源生产结构决定了海外油气资源供应保障需求的长期性[5]。然而，全球油气资源丰富的地区往往面临地缘政治不稳定，尤其是中东等主要产油区，局势长期动荡不安。而美国通过页岩气革命，已成功实现能源独立目标。近一个世纪以来，油气领域的地缘政治较量错综复杂，国家间的竞争主要体现在对战略资源的掌控上。与此同时，在应对气候变化和推动低碳经济发展的背景下，全球能源供应体系正不断向可再生能源转型，新能源正以前所未有的速度成为技术和经济上可行的可持续选择，新能源基础设施建设及其所需的关键原材料也逐渐成为新的地缘政治博弈焦点。

随着全球石油和天然气生产的多中心化特征日益凸显，生产重心逐渐从东方转向西方，新兴供应源的不断涌现正在重塑国际能源版图。而美国的页岩气革命对国际能源地缘政治格局产生了深远影响。全球能源需求正不断向东方转移，新兴工业化国家对能源的需求旺盛，进一步加剧了全球能源供需结构的变革。此外，颠覆性的能源技术创新，提升了化石能源的可替代性，清洁能源蓬勃发展，低碳技术迅速迭代，为全球能源转型注入了强劲动力。同时，全球能源市场步入低油价时期，国际能源价格的波动折射出能源结构正在发生深刻变革[5]。地缘政治局势的错综复杂性对全球能源版图带来了深刻变化，其中欧佩克的影响力有所减弱。为确保自身权益，能源输出国正通过保持能源价格高位运行及稳固出口路径作为策略[6]。同时，这些国家间正不断强化彼此间的协同与合作，携手塑造着国际能源市场的未来趋势。在百年未有之大变局背景下，一系列变革共同推动着世界能源格局朝着更加多元、复杂和不确定的方向发展。

## 1.2 我国能源安全基本态势

目前，中国是世界上最大的能源生产国和能源消费国，同时也是世界上最大的碳排放国。随着中国经济的持续发展，中国的能源安全面临严峻挑战，包括能源供需安全，能源结构安全和能源环境安全。

### 1.2.1 能源供需安全形势

目前，中国是世界能源最大的生产国和消费国。保障能源供需安全，长期稳定地满足国内不断增长的能源需求，是解决我国能源安全问题的核心。中国能源生产和消费涵盖了煤炭、原油、天然气、一次电力及其他多种能源。具体而言，我国主要生产和消费的能源为煤炭，以及石油、天然气、水电，此外还有核能、太阳能、潮汐能和生物质能等新能源[7]。

我国能源资源储量总量丰富。我国水能资源的蕴藏量位居全球之首，煤炭资源的探明储量居世界第三位，而石油和天然气的探明储量则分别排在世界第十三位和第十八位[8]。以煤炭、石油、天然气以及可开发的水能资源等常规的商品能源为基准，将其折合成标准煤的量来计算，全球的总资源量约为5万亿吨，我国所拥有的资源折合后达到4500亿吨，占世界总量的近10%[9]。此外，我国还拥有丰富的水能、风能、太阳能、地热能等可再生能源资源。

我国是世界上最大的煤炭生产国，且煤炭在其能源总产量中占据重要位置，是主要的能源供应来源和国内发电、工业生产的关键原料，尤其在钢铁、化工和建材行业中占据核心地位。尽管我国在原油自给方面有所限制，但仍然保持着较高的产量，是世界重要的石油生产国之一。为了减少对外依赖，我国积极推进油气勘探和开发，尤其重视页岩气和海洋油气资源。近年来，随着西部大开发和“煤改气”项目的实施，天然气生产显著增长，成为重点发展的清洁能源。国家统计局数据显示，2004 年至 2022 年间，我国的能源供应量从 206108 万吨标准煤增长到了 466000 万吨标准煤，增长了 226%；能源消费量从 230281 万吨标准煤增长到了 541000 万吨标准煤[6]，增长了 235%。近 20 年间，我国能源生产能力不断提高，我国能源消费增长超过我国能源供应增长速度，能源供需缺口不断拉大，对外依存度不断提高。

（1）煤炭

煤炭是我国主要的能源资源，2023 年煤炭占我国总能源供应的 67. 4%[8]。从全球范围来看，我国煤炭地质资源量相当丰富，煤炭储量继续位居世界第三，仅次于独联体和美国。我国煤炭探明储量为 1430 亿吨，占世界的 13. 3%，储产比为 38 年。我国煤炭资源分布广泛，除上海和香港外，各省区均有煤炭分布。探明储量最多的省份是山西、内蒙古和陕西。从地质年代来看，煤炭资源在寒武纪、石炭纪、二叠纪、三叠纪、侏罗纪和第三纪均有形成，其中侏罗纪、石炭纪和二叠纪的储量最为丰富，侏罗纪占总储量的 46. 2%。在煤质方面，种类齐全，保有储量中烟煤占 75%、无烟煤占 12%、褐煤占 13%。此外，浙江、江西、湖南和湖北等省也分布有含碳量较低的石煤[10]。

据地质勘探的远景调查结果，在距地表以下 2000 米深以内的地壳表层范围内，煤炭远景总储量达 50592 亿吨。1996 年年底，我国探明储量的矿区 5345 处，保有总储量 10025 亿吨。2002 年年底，我国探明储量 2367 亿吨；2022 年年底，我国的煤炭探明储量为 2078. 85 亿吨[10]。数据表明，与 2002 年相比，我国煤炭储量有所减少。2022 年，我国煤炭的产量达到 45. 6 亿吨，创历史新高，消费量为 44. 4 亿吨。我国在确保能源供应和优化能源结构方面取得了显著成效，但面临储量减少的挑战。

（2）石油

石油是经济社会发展不可缺少的重要能源，被誉为“工业的血液”，有“黑色黄金”之称[11]。作为一种全球商品，石油的国际贸易影响着世界经济和政治格局，直接关系到经济安全和国家安全。

根据国土资源部2008年1月3日公布的《关于新一轮全国资源评价和储量产量趋势预测报告》，我国的石油资源丰富。其中，石油远景资源量1086亿吨，地质资源量765亿吨，可采资源量212亿吨。我国拥有139个盆地，根据地质构造和含油特征的预测，预计我国的石油资源储量总量达到930.3亿吨。其中，已确认存在油田的盆地达到24个，预测储量为785.9亿吨，占总预测量的84.48%；已发现含有油气的盆地有42个，预测资源量为75.66亿吨，占总量的8.13%；尚未发现油气的盆地有73个，预测资源量为68.73亿吨，占总量的7.39%。按盆地规模来看，面积超过10万平方千米的有13个盆地，包括塔里木、松辽、准噶尔等，总面积达264.08万平方千米，占总面积的53.4%；这些盆地合计预测石油资源量为707.88亿吨，占总量的76.09%。具体到松辽、塔里木、渤海湾等三大盆地，其预测资源量为422.32亿吨，占总资源量的45.40%[9]。

从已发现含油盆地来看，其主要分布在我国东部地区，但从长远来看，我国西部和海域也具备相当的发展潜力。在陆地和海域的32个油区中，远景储量达到181.4亿吨，占总资源量的19.5%。预测资源量中，东部地区为363.4亿吨，而西部地区和海域分别为247.89亿吨和246.75亿吨。根据石油贮存地层的地质时代划分，从前寒武纪到第四纪的地层都发现了油气资源，其中新生代的资源量最丰富，约占总资源量的50%；其次是中生代，占36%；古生代最少，约占14%[9]。

尽管我国的石油资源丰富，但由于人口基数大，我国石油供需缺口从1993年开始逐年扩大[11],[12]，对外依存度高。1993年，我国的石油供需缺口仅占石油消费量的1.6%，1996年迅速扩大到11.1%，到2002年增至32.9%，2009年该数值达51.2%，2014年达到59.6%，2022年已超过70%[13]。我国原油产量的增长远落后于石油消费量的增长，导致我国面临石油供应短缺问题，对进口的依赖度不断上升，石油安全已成为我国能源供需安全的核心。

（3）天然气

天然气作为重要的能源矿产资源，是一种清洁高效的化石能源，其主要类型包括与石油相关和与煤及含煤地层相关两种类型，被视为化石能源向新能源转型的关键桥梁。近几十年来，随着天然气消费量的显著增长，天然气领域的投资、储运、产量和贸易量也在迅速扩展，其在全球能源多样化进程中的地位日益凸显。

我国天然气资源丰富，发展潜力较大。根据《中国天然气发展报告（2022）》，截至2020年年底，我国天然气探明可采储量为8.4万亿立方米，占世界总储量的3.2%，储产比为31年。我国天然气资源主要分布于塔里木、四川、鄂尔多斯、东海陆架及南海北部海域；其中预测资源量大于1万亿立方米的有塔里木、鄂尔多斯、四川、珠江口、东海、渤海湾、莺歌海、海南东南、准噶尔等9个盆地，共有天然气30.7万亿立方米。从其分布的地质时代来看，与石油相反。在时代较老的地层中储量较多，其中诞生于古生代的天然气约占总量的50%，中生代和新生代约分别占20%和30%。2021年我国天然气新增探明地质储量1628亿立方米，其中常规气（含致密气）、页岩气、煤层气新增探明地质储量分别达到8051亿立方米、7454亿立方米和779亿立方米[8]。

进入21世纪以来，随着我国经济持续快速增长，城市化和工业化进程加速推进，同时环保要求的提升对能源消费结构产生了显著影响。在这一背景下，我国的天然气产量和消费量均呈现显著增长的趋势，增幅远超过世界平均水平。根据国家发改委的数据统计，到2022年，我国天然气产量达到2201.1亿立方米，同比增长了6.04%；天然气消费量为3663亿立方米，同比略有下降，为1.70%。2023年天然气产量创下新高，达到2300亿立方米，比2022年增长了5.6%。其中，非传统天然气（如页岩气、煤层气等）贡献了960亿立方米，占总天然气产量的43%。同时，天然气的供需缺口是近几年来开始出现并迅速凸显的不可忽视的问题。

（4）一次电力及其他能源

一次电力及其他能源主要指水力发电，核能发电，风力、光伏等新能源发电[6]。目前，我国在可再生能源生产方面取得了巨大进展，水力发电，核能发电，风力、光伏、潮汐能和生物质能等发电比重逐年提升。

根据国家能源局发布2023年全国电力工业统计数据，截至2023年，全国累计发电装机容量约29.2亿千瓦，同比增长13.9%。其中，太阳能发电装机容量约6.1亿千瓦，同比增长55.2%；风电装机容量约4.4亿千瓦，同比增长20.7%。2023年，全国6000千瓦及以上电厂发电设备累计平均利用3592小时，比上年同期减少101小时。主要发电企业电源工程完成投资9675亿元，同比增长30.1%。电网工程完成投资5275亿元，同比增长5.4%，如表1-1所示。

**表1-1　2023年我国发电装机容量**

| 指标名称 | 单位 | 全年累计 | 同比增长（%） |
| --- | --- | --- | --- |
| 全国发电装机容量 | 万千瓦 | 291965 | 13.9 |
| 其中：水电 | 万千瓦 | 42154 | 1.8 |
| 火电 | 万千瓦 | 139032 | 4.1 |
| 核电 | 万千瓦 | 5691 | 2.4 |
| 风电 | 万千瓦 | 44134 | 20.7 |
| 太阳能发电 | 万千瓦 | 60949 | 55.2 |

数据来源：国家能源局网站，https：//www.gov.cn/lianbo/bumen/202401/content_6928723.htm。

以核电为例，截至2023年，我国运行核电机组共55台（不含台湾地区），装机容量为57031.34MWe（额定装机容量）。2023年，全国运行核电机组累计发电量为4333.71亿千瓦时，位居全球第二。全年核电设备平均利用小时数为7661小时，比2022年同期上升了3.98%；累计上网电量为4067.09亿千瓦时，比2022年同期上升了4.05%，占全国累计发电量的4.86%，年度等效减排二氧化碳约3.4亿吨[14]。目前，我国的核电产量正在稳步增长，随着多个新的核电站项目的开工和投运，预计未来几年内核能产量将进一步上升。

2023年，光伏超越水电，成为我国第二大电源。光伏新增装机创下历史新高。根据国家能源局数据，截至2023年，我国太阳能发电的总装机容量已经达到了6.1亿千瓦，而当年新增的光伏装机容量高达216.88吉瓦，与上年相比增长了148%，这一增幅创下了新的纪录。2023 年太阳能发电量 5833 亿千瓦时，同比增长 36.4%。2023 年规模以上工业企业（年主营业务收入 2000 万元及以上）太阳能累计发电量 2940 亿千瓦时，同比增长 17.2%[15]。目前，我国通过大力发展核能和可再生能源，以及优化煤炭和石油的供需，努力提高能源生产的清洁度和效率。

### 1.2.2 能源结构安全形势

（1）我国能源结构的构成

我国作为全球最大的能源生产和消费国，经济规模、增长速度以及产业结构特点影响我国能源结构构成。在过去的几十年里，随着经济的快速发展，我国能源需求大幅上升，涵盖了煤炭、原油、天然气及电力等多种能源的消费，但我国能源资源面临“富煤、贫油、少气”问题。煤炭长期占据我国能源消费的主体地位，尽管其比重近年有所下降，但仍是世界上最大的煤炭消费国，主要用于发电和重工业炉料，如钢铁生产。石油作为重要能源消费品种，随着汽车保有量的增加和工业需求的增长，其消费量持续上升，主要用于交通运输、化工原料和工业生产；但近年随着新能源汽车保有量持续增加，石油需求增长放缓。数据显示，2023 年我国石油和天然气的对外依存度分别高达 72% 和 43%。天然气的消费快速增长，特别是在政府推动的“煤改气”政策下，天然气在城市燃气、发电和工业燃料领域的使用不断扩大。

近年来，我国加快了对风能、太阳能和生物质能等非化石能源的开发和利用，积极推动低碳能源替代高碳能源，可再生能源取代化石能源，减少对外部石油和天然气的依赖。水电、风电和太阳能已成为我国能源结构调整的重点。可再生能源在能源结构中的比例不断增加，尤其是风电和太阳能发电的规模和技术日益成熟。此外，我国正在积极扩建核电设施，尽管核能在总体能源消费中的占比不高，但其产量逐年增加。同时，我国政府在制定能源政策时强调绿色低碳发展，致力于从高碳能源向低碳能源的转型，包括提高能源效率，减少高碳能源的使用，特别是煤炭，并大力发展可再生能源和核电。通过实施严格的环保标准和排放限制，改善能源利用效率，确保能源供需安全。

（2）我国能源生产总量及结构

我国的能源自给率一直处于高位，供求总量矛盾不太突出。从总量来看，我国一次能源的消费总量略大于生产总量，但是能源结构却长期存在失衡。目前，能源需求缺口问题是影响我国能源安全的重要问题，但是能源生产和消费的结构性问题不容忽视。

根据我国统计局发布的数据，2004—2023 年我国一次能源生产总量逐年上升，其中 2019—2023 年我国一次能源生产总量平均增幅为 5%。2023 年我国一次能源生产总量达到 48.3 亿吨标准煤，比 2022 年增长 3.6%。2022 年我国能源生产总量为 466000 万吨标准煤，其中煤炭占 67.4%，石油占 6.3%，天然气占 5.9%，水电、核电和风电等一次电力占 20.4%。与 2004 年相比，煤炭和石油所占一次能源生产比重分别下降了 9.3% 和 5.9%，天然气和一次电力及其他能源所占一次能源生产比重分别上升 3.2% 和 12%。数据表明，由我国能源资源的禀赋条件，我国能源生产以煤炭为主，但石油占生产的比重下降，天然气、一次电力及其他能源占比上升。我国煤炭生产除 2015 年和 2016 年以外，产量逐年增长。2027—2022 年产量年增长率分别为 3.73%、5.57%、4.87%、2.51%、4.87% 和 9.1%。受俄乌冲突影响，2022 年，我国煤炭生产增长 38885 万吨标准煤，2023 年增长为 483000 万吨标准煤，创历史新高。2004—2023 年我国一次能源生产总量及结构如表 1－2 所示。

**表 1－2　2004—2023 年我国一次能源生产总量及结构**

| 指标 | 2023 年 | 2022 年 | 2021 年 | 2020 年 | 2019 年 | 2018 年 | 2017 年 | 2016 年 | 2015 年 | 2014 年 |
|---|---|---|---|---|---|---|---|---|---|---|
| 能源生产总量（万吨标准煤） | 483000 | 466000 | 427115 | 407295 | 397317 | 378859 | 358867 | 345954 | 362193 | 362212 |
| 煤炭占比（%） | — | 67.4 | 66.7 | 67.5 | 68.5 | 69.2 | 69.6 | 69.8 | 72.2 | 73.5 |
| 石油占比（%） | — | 6.3 | 6.7 | 6.8 | 6.9 | 7.2 | 7.6 | 8.3 | 8.5 | 8.3 |
| 天然气占比（%） | — | 5.9 | 6.0 | 6.0 | 5.6 | 5.4 | 5.4 | 5.2 | 4.8 | 4.7 |

续表

| 指标 | 2023年 | 2022年 | 2021年 | 2020年 | 2019年 | 2018年 | 2017年 | 2016年 | 2015年 | 2014年 |
|---|---|---|---|---|---|---|---|---|---|---|
| 一次电力及其他能源占比（%） | — | 20.4 | 20.6 | 19.7 | 19 | 18.2 | 17.4 | 16.7 | 14.5 | 13.5 |
| 指标 | 2013年 | 2012年 | 2011年 | 2010年 | 2009年 | 2008年 | 2007年 | 2006年 | 2005年 | 2004年 |
| 能源生产总量（万吨标准煤） | 358784 | 351041 | 340178 | 312125 | 286092 | 277419 | 264173 | 244763 | 229037 | 206108 |
| 煤炭占比（%） | 75.4 | 76.2 | 77.8 | 76.2 | 76.8 | 76.8 | 77.8 | 77.5 | 77.4 | 76.7 |
| 石油占比（%） | 8.4 | 8.5 | 8.5 | 9.3 | 9.4 | 9.8 | 10.1 | 10.8 | 11.3 | 12.2 |
| 天然气占比（%） | 4.4 | 4.1 | 4.1 | 4.1 | 4.0 | 3.9 | 3.5 | 3.2 | 2.9 | 2.7 |
| 一次电力及其他能源占比（%） | 11.8 | 11.2 | 9.6 | 10.4 | 9.8 | 9.5 | 8.6 | 8.5 | 8.4 | 8.4 |

数据来源：国家统计局官网（网址：https：//data. stats. gov. cn/）。

（3）我国能源消费总量及结构

我国“富煤、缺油、少气”的资源禀赋特点，我国出现长期“以煤为主”的能源消费结构。尽管我国在能源结构调整上取得了不小的进步，但与世界上许多国家相比，我国还有很大差距。根据2023年《世界能源统计年鉴》的数据，全球一次能源消费结构中，石油占一次能源消费总量的31%，煤炭占26.5%，天然气占23%，核电占4.3%，水电占6.9%[9]。而根据我国统计局发布的数据，2022年我国能源消费总量达到54.1亿吨标准煤，其中煤炭、石油、天然气和一次电力及其他能源占比分别为56.2%、17.9%、8.4%和17.5%，我国能源消费结构与发达国家相比差距明显。

随着我国经济快速发展，2004—2023年我国一次能源消费需求逐年攀升，年均增长率4.9%，其中2018—2022年，我国一次能源消费增长率分别为3.5%、3.3%、2.2%、5.5%和2.9%。对比能源消费结构变化发现，2022年相较于2004年，煤炭和石油所占能源消费总量的比重分别下降了14%和2%，而天然气和一次电力及其他能源消费占比分别上升6.1%和9.9%。其中2022年相比2021年，煤炭和石油所占消费比重分别下降了0.3%和0.7%，天然气和一次电力及其他能源消费占比分别上升0.4%和0.8%。在2004—2022年天然气和一次电力及其他能源消费增长幅度达到265.2%和119.8%。2018—2022年我国五年能源消费总量平均增长率为2.98%，消费弹性分别为0.52、0.55、1、0.65和0.97。2004—2023年我国能源消费总量及结构如表1-3所示。

**表1-3　　　　2004—2023年我国能源消费总量及结构**

| 指标 | 2023年 | 2022年 | 2021年 | 2020年 | 2019年 | 2018年 | 2017年 | 2016年 | 2015年 | 2014年 |
|---|---|---|---|---|---|---|---|---|---|---|
| 能源消费总量（万吨标准煤） | — | 541000 | 525896 | 498314 | 487488 | 471925 | 455827 | 441492 | 434113 | 428334 |
| 煤炭占比（%） | — | 56.2 | 55.9 | 56.9 | 57.7 | 59 | 60.6 | 62.2 | 63.8 | 65.8 |
| 石油占比（%） | — | 17.9 | 18.6 | 18.8 | 19.0 | 18.9 | 18.9 | 18.7 | 18.4 | 17.3 |
| 天然气占比（%） | — | 8.4 | 8.8 | 8.4 | 8.0 | 7.6 | 6.9 | 6.1 | 5.8 | 5.6 |
| 一次电力及其他能源占比（%） | — | 17.5 | 16.7 | 15.9 | 15.3 | 14.5 | 13.6 | 13 | 12 | 11.3 |

| 指标 | 2013年 | 2012年 | 2011年 | 2010年 | 2009年 | 2008年 | 2007年 | 2006年 | 2005年 | 2004年 |
|---|---|---|---|---|---|---|---|---|---|---|
| 能源消费总量（万吨标准煤） | 416913 | 402138 | 387043 | 360648 | 336126 | 320611 | 311442 | 286467 | 261369 | 230281 |
| 煤炭占比（%） | 67.4 | 68.5 | 70.2 | 69.2 | 71.6 | 71.5 | 72.5 | 72.4 | 72.4 | 70.2 |
| 石油占比（%） | 17.1 | 17.0 | 16.8 | 17.4 | 16.4 | 16.7 | 17.0 | 17.5 | 17.8 | 19.9 |
| 天然气占比（%） | 5.3 | 4.8 | 4.6 | 4.0 | 3.5 | 3.4 | 3.0 | 2.7 | 2.4 | 2.3 |
| 一次电力及其他能源占比（%） | 10.2 | 9.7 | 8.4 | 9.4 | 8.5 | 8.4 | 7.5 | 7.4 | 7.4 | 7.6 |

数据来源：国家统计局官网（网址：https：//data.stats.gov.cn/）。

我国当前能源结构与发达国家存在显著差异，主要体现在煤炭的比例特别高。在发达国家，石油和天然气占据了初级能源消费结构的主导地位，约占总消费的70%，而煤炭则位居第二，占28.8%。然而，我国的能源消费结构则正好相反，煤炭的比重远高于石油和天然气。我国高比例使用煤炭源于多方面，一方面受限于国内资源分布；另一方面，由于我国企业能源消耗中并未充分计算能源的社会成本和环境成本，因此使用煤炭在经济上仍具有较高的优势，这也导致在众多能源选择中，煤炭仍然是最经济的选项之一。

自2000年以来，我国的能源进口贸易经历了迅猛增长。能源进口额从2000年的208亿美元增加到2014年的3186亿美元，年均增长率达21.5%，在全球能源贸易中的份额也从3.2%增至13.2%。2023年，根据国际能源署（IEA）发布的数据，我国的能源进口贸易继续保持增长态势，能源进口额达到约4700亿美元。这一数字显示出相对稳定的增长趋势，反映了我国对外能源依赖的持续扩大和能源进口在国际贸易中的重要性进一步增强。石油在我国能源进口中占据主导地位，2014年石油进口额占据了83.4%的比例，而煤炭和天然气分别占据了7%和9.5%。在2023年的能源进口产品结构中，石油仍然占据绝对的主导地位，其进口总额占到我国能源进口总额的大部分，约为80%以上。煤炭和天然气在能源进口中的比重相对稳定，煤炭约占7%，天然气占9%左右。尽管我国能源进口的多样性越来越明显，主要化石能源的进口额依然居全球贸易之首，但同时也面临来自进口来源地的政治外交风险。我国现有的能源消费结构中，一次电力及其他能源，如风能、太阳能和光伏等清洁能源和可再生能源开发利用快速发展。

我国的能源结构安全现状使得能源发展策略面临复杂抉择。依赖以煤炭为主要供需的能源资源，会导致能源利用效率低下和环境污染等严重问题。而过度增加石油和天然气的消费，可能导致国内供给紧张，并增加对进口的依赖，从而提高能源进口依存度，加剧石油安全风险。因此，我国加速发展水电，以及核能、太阳能、潮汐能和生物质能等新能源，以改变化石能源与非化石能源的结构，减少化石能源消费比重，增加非化石能源比重，优化化石能源内部结构，降低煤炭、石油供需比重，增加和天然气的供需比重。目前，我国已经相继颁布《可再生能源法》《可再生能源中长期发展规划》《核电和中长期发展规划》，明确了优化能源结构的目标和方向。近期国家能源局还将发布能源产业的振兴计划，逐步降低煤炭在我国能源中的比重，增强天然气、核电及多样化新能源的开发利用，推进节能降耗与减排工作，以确保经济的持续绿色发展。

### 1.2.3 能源环境安全形势

随着发达国家经济迅速增长和经济结构的升级，环境安全重要性凸显。世界各国能源消费结构发生了明显变化：煤炭消费比重减少，石油消费相对稳定，而天然气和电力消费的比重大幅上升。这种变化的根源可以追溯到20世纪60年代结束的第二次能源革命，世界能源消费从以煤为主转向了以石油和天然气为主，导致固体燃料消费比重显著降低。然而，70年代后两次国际油价大幅上涨，其他能源的经济竞争力提升，进而推动了水电和核电在能源结构中的比重逐渐增加。同时，能源消耗最大的第二产业，如精密制造业和轻工业，开始主导能源消费，相较传统重工业，它们具备更高的能源利用效率，并逐渐向电力转型。尽管能耗的相对指标显示改善趋势，但随着全球经济的工业化加深，总能源消耗依然快速增长。

我国是世界上最大的碳排放国，碳排放总量世界第一。我国已发展为世界第二大经济体、全球最大工业制造国和贸易国。然而，伴随经济的快速增长，以煤为主、化石能源占比过高的能源结构问题以及能源利用效率偏低的弊端愈发显现。潜在的能源安全风险和环境问题，已成为实现清洁、低碳、高质量可持续发展的重要瓶颈。环境承载力不足，高碳能源结构面临能源环境安全，影响了我国经济可持续发展。近年来，随着我国经济持续发展和环保意识的提升，对我国能源环境安全要求日益迫切。

我国的能源构成正经历显著转变，趋向多元化发展。在常规能源使用中，煤炭的占比正逐步减少，而石油和天然气的消费比重显著增加，同时，电力直接使用的比例也在快速攀升。近年来，尽管我国的能源消费结构已有一定改善，但仍属于全球少数几个煤炭依赖型国家之一。长期的煤炭主导地位不仅导致了我国能源使用效率低下，高耗能产业的经济效益不佳，而且给我国的生态环境带来了严重的负面影响。

《2023年全球碳预算》报告数据显示，2023年全球化石燃料燃烧释放的二氧化碳达到了368亿吨，比2022年增长了1.1%。这一增长主要源自煤炭、天然气和石油的燃烧，这些是二氧化碳排放进入大气并推动全球气温上升的主要因素。来自土地利用变化（如森林砍伐）的排放量预计略有下降，但仍然处于高位，未能完全被目前的重新造林所抵消。总体而言，包括化石燃料和土地利用变化在内的全球二氧化碳排放预计将达到409亿吨，与2022年水平相似。这远远不足以实现全球气候目标所急需的大幅减排。而我国二氧化硫排放总量的90%、氮氧化物排放总量的67%、烟尘排放总量的70%和人为源大气汞排放总量的40%均来自燃煤。煤炭在我国能源供需比重中逐渐减少，石油、天然气、水电和核能等清洁能源的开发进程加快。清洁能源在能源供需结构中的比重不断增加，将有助于降低煤炭的相对比例。

目前，我国已确定了2030年前二氧化碳排放达到峰值的目标，力求到2035年根本改善生态环境质量，并争取在2060年前实现碳中和。这些目标为我国的经济社会发展指明了方向，但主要依赖煤电的电力生产和消费结构不仅导致了严重的空气污染，也对应对气候变化提出了严峻挑战。燃煤导致了我国90%的二氧化硫排放总量、67%的氮氧化物排放总量、70%的烟尘排放总量以及40%的人为源大气汞排放总量。火电行业在2019年的二氧化碳排放量约为43.28亿吨，占全国碳排放总量的40%以上。在碳排放和空气质量目标的压力下，我国必须加快形成以高比例可再生能源为核心的电力系统，以实现绿色、低碳、安全、高效的电力发展。在这一背景下，煤电行业向低碳转型，甚至逐步退出，已经成为不可避免的历史趋势。

应对气候变化的紧迫性已经推动全球趋势向“弃煤”方向发展。目前，包括德国、英国、荷兰等30多个国家已经制定了“弃煤”时间表，欧盟、中国、日本、韩国等主要碳排放经济体也承诺在21世纪中叶左右实现碳中和目标。联合国在2020年明确呼吁停止新建燃煤电厂。尽管我国在2020年新增了超过5000万千瓦的煤电装机容量，但全球范围内除中国以外的燃煤电厂规模连续第三年出现萎缩，2020年净减少了1720万千瓦。全球超过120家具有全球影响力的银行和保险公司，如世界银行、亚洲基础设施投资银行等，已经宣布退出或限制在煤炭和煤电领域的投资，以减少环境治理和气候变化带来的风险，避免高额资产搁浅。这些动向表明，全球各界对于减少煤电对环境和气候造成的负面影响已越来越重视。

当前，我国二氧化碳排放量占全球总量的三分之一，且由于仍处于工业化进程中，能源消耗量持续上升。在此背景下，为实现碳达峰与碳中和目标，能源行业的减排任务显得尤为关键。未来低碳能源的发展成功与否，将直接决定这些目标能否达成。碳达峰虽看似是碳排放强度的限制问题，实则关乎能源结构的转变与生态环境的保护，对经济的高质量可持续发展具有深远影响。因此，加速能源结构的调整，增加新能源与可再生能源的供应比例，减少煤炭等化石能源的依赖；提升能源使用效率，增加单位能耗的产出并减少排放；以及减轻社会生产与生活对生态环境的负担，已成为当务之急。推动能源转型与可再生能源的发展，已成为明确的行动路径。

## 1.3 本章小结

全球能源格局正在发生深刻变革，传统能源生产多中心化与新能源技术的突破正重塑市场动态。从我国能源供需安全、能源结构安全、能源环境安全三个方面来看，我国作为能源消费和生产大国，面临煤炭资源减少、石油和天然气对外依存度高的挑战，同时加速可再生能源开发和低碳能源转型，风能、太阳能等新能源装机容量大幅增长，并加快推进能源转型、推动可再生能源的发展。为应对能源安全和低碳发展挑战，积极推进能源大数据应用，通过智能化手段提升能源安全识别和防控水平，以保障我国能源安全。

# 第2章　理论基础

## 2.1　相关概念

### 2.1.1　能源安全相关概念

(1) 能源的概念

能源是一个广泛的概念，涵盖了人类生活和工业活动中所需的各种形式的能量资源。根据《能源百科全书》，能源被定义为能够直接或通过转换提供光、热、动力等形式能量的资源载体。而在《简明大英百科全书》中，则将能源描述为所有燃料、流水、阳光和风等的总称，通过适当的转换手段，可以为人类提供所需的能量。

根据《能源百科全书》的分类，能源可以分为多个类别，其中包括一次能源和二次能源。一次能源是直接从自然界获取的能源，例如流动水能、原煤、原油、天然气和天然铀矿等。二次能源则是通过加工和转换一次能源获得的能源形式，比如电力等。另外，能源还可以根据是否可再生来分类。可再生能源包括太阳能、生物质能、水能、风能、地热能等，这些能源可以源源不断地获取。非可再生能源则主要指化石能源，如煤炭、石油和天然气。此外，根据科技进步和开发利用情况，还可以将一些新兴的可再生能源称为新能源，如氢能、沼气、酒精和甲醇等。在已经广泛应用的能源类型中，常规能源包括煤炭、石油、天然气、水能和核能等，这些能源被广泛用于各个领域。最后，能源还可以根据其在输送和分配后被用于各种能源设备中的角色来分为终端能源。终端能源不仅是能量的载体，还是有效利用其他资源（如劳动力、资本和技术）的输入方式之一。另外，根据能源是否通过流通环节大量消费，可以将其分类为商品能源和非商品能源。商品能源主要指煤炭、石油、天然气和电力等，而非商品能源则包括农户和牧民自产自用的薪柴、秸秆和牲畜粪便等。

（2）能源安全的概念

能源安全最初是在 1974 年第一次石油危机期间引入的。当时，发达国家为了稳定石油供应和价格，成立了国际能源署，并提出了“国家能源安全”的概念。随着全球经济一体化的进展、国内外形势的变化以及对能源问题认识的加深，能源安全的定义逐渐从单纯的供应安全扩展到更为综合的安全概念。能源安全通常指的是能源供应的稳定性与可靠性，意味着能源的可获取性，这既意味着减少对特定产油国或地区的依赖，也意味着国家或地区拥有充足的能源储备，以及稳固的生产和供应体系。能源安全与地缘政治紧密相连，如约瑟夫·奈在 1980 年的《能源与安全》报告中所指出，能源对地缘政治格局及国际安全具有深远影响。而麦克·克莱尔则认为，能源安全是国际市场供需双方动态博弈的结果，并且它体现了大国间在石油利益分配上的政治博弈。在当今世界，碳基能源占据主导地位，构成了“碳化”的全球格局。

近年来，全球能源热点地区的动荡和国际油价的持续上涨引发了国际社会对能源安全的广泛关注。这种背景推动了能源安全理论研究的深化，从而为我们提供了多种解释和视角，以全面理解能源安全的内涵。西方国家的学者在能源安全理论方面率先展开了研究，并取得了丰富的成果。例如，美国剑桥能源研究会的丹尼尔·耶金认为，能源安全的核心目标是通过合理的价格保证充足的能源供应，同时避免损害国家的核心价值和目标。他指出，能源安全受到技术进步、环境因素以及国际关系等多种因素的影响，具有动态变化的特性。澳大利亚格里菲斯大学的米切尔·维斯勒教授将能源安全定义为能源生产和供应的有效性，并强调政治动荡和自然灾害对能源安全的潜在影响。英国伦敦大学学院的佛理克斯·丘塔教授认为，尽管能源安全可以根据不同的逻辑给予不同的解释，但能源作为安全的基础动力是毋庸置疑的，显示出能源与安全之间的密切关系。

需要注意的是，许多西方学者将能源安全视为能源供应安全的同义词，即以合理的价格维持可持续的能源供应。他们认为，地缘政治格局、中东局势、国际经济体系、政府在经济活动中的角色、石油产业规模以及石油贸易等因素是影响能源供应安全的主要国际因素。一些学者指出，传统的供给安全角度或许并不足够，因此尝试从多维视角解读能源安全。例如，德国美因茨大学的弗洛里安·鲍曼教授提出了能源安全的四个维度：国内政策、经济、地缘政治和安全政策，以更全面地理解和评估能源安全的复杂性。俄罗斯的学者将各类安全分为不同层次，将能源安全置于经济安全层面，认为它是国家经济安全和政治、军事安全的基础，对各种安全层面都有重要影响和相互作用。

能源供应安全是指保障所需能源的稳定供给[16],[17]；能源需求安全是指能源的使用和消费不应对人类赖以生存和发展的生态环境构成威胁[18]。能源供应的持续稳定性，指满足国家生存与发展正常需求的能源供应保障的稳定程度。国民经济发展与民众生活所需的各类能源都应得到充足供应，避免出现严重短缺，且短缺量应控制在一年进口量以内，以应对战争、自然灾害等可能影响能源供应的突发事件。同时，能源供应还需注重可持续性，从长远视角出发，不仅要满足当前经济发展的需要，还要兼顾未来经济社会的发展需求，确保能源在数量、质量上的可持续利用，并保持能源价格的经济合理性。简而言之，能源价格不应超出经济体系的承受能力。

能源结构安全指的是一个国家或地区在能源资源获取、利用和分配方面的稳定性和可靠性。能源结构安全包括多样化能源资源的来源，如石油、天然气、煤炭、核能、可再生能源等。这种多样性有助于减少对单一能源资源的依赖，从而降低因某一能源供应中断或价格波动而造成的经济和社会影响。在煤炭、石油和天然气等化石能源中，石油作为全球不可或缺的战略资源，其安全问题已成为近期国家能源安全的核心体现。一旦石油供应受到威胁，将对国民经济的发展产生直接影响。对我国而言，由于可采石油资源相对有限，难以满足经济和社会发展的需求，石油安全在国家战略中的重要性不断提升，正逐步成为我国战略布局中的关键能源之一。

环境安全作为一个新兴概念，逐渐成为国家安全及经济安全不可或缺的一环。随着经济的快速增长，人类对自然界的改造能力大幅提升，然而，这一进程也伴随着一系列日益严峻的负面后果，包括全球气候的异常变化、臭氧层的破损、生物多样性的急剧下降、土地的荒漠化现象、森林的退化、水资源的匮乏、海洋生态系统的破坏以及酸雨造成的污染等。这些问题因其跨国界、全面性、不可逆转以及资源高度消耗的特性，对国家的安全稳定构成了重大挑战。鉴于此，越来越多的国家开始将环境议题提升至国家安全的高度加以审视，并积极推动可持续发展的理念与实践，以应对这些紧迫的环境挑战。

### 2.1.2　大数据概念及特征

（1）大数据的概念

大数据本质上是一个相对抽象的概念，从字面意义上看，主要突出其数据规模的庞大。然而，仅仅数量上的巨大并不能完全说明大数据与传统概念如“海量数据”或“超大规模数据”的区别。维基百科对大数据的定义则相对简单明了：大数据是指那些使用常规软件工具捕获、管理和处理耗时超过可接受范围的数据集。一般意义上，大数据是指无法在可容忍的时间内用传统 IT 技术和软硬件工具对其进行感知、获取、管理、处理和服务的数据集合[19]。

随着博客、社交网络及 LBS 等新型信息发布方式的兴起，云计算、物联网技术的蓬勃发展，数据正以惊人的速度不断激增，标志着大数据时代的全面到来。学术界、工业界乃至政府机构均对大数据表现出了浓厚的兴趣并给予了高度关注。早在 2008 年，*Nature* 推出 Big

Data专题，深入探讨了数据驱动研究背景下解决大数据问题所需的技术及面临的挑战。随后，在2011年2月，*Science*也推出了“Dealing with Data”专刊，聚焦于大数据在科学研究中的重要性。同时，美国数据管理领域的权威专家联合发布了《大数据的挑战与机遇》白皮书，从学术角度详细阐述了大数据的起源、处理流程及其面临的挑战。此外，麦肯锡咨询公司在2011年6月发布了一份关于大数据的详细报告，全面分析了大数据的影响、关键技术以及应用领域。自2012年以来，大数据的关注度持续攀升。在当年1月的达沃斯世界经济论坛上，大数据成为热议话题之一，与会者共同探讨了如何在新数据产生方式下更有效地利用数据以创造社会价值。麦肯锡公司在2011年发布报告，重点关注个人产生的移动数据与其他数据的融合与利用。3月份美国奥巴马政府发布了“大数据研究和发展倡议”，启动了“大数据发展计划”。计划在科学研究、环境、生物医学等领域利用大数据技术进行突破[20]。

（2）大数据的特征

《纽约时报》的文章“The age of big data”则通过主流媒体的宣传使普通民众开始意识到大数据的存在，以及大数据对于人们日常生活的影响，它表示数据规模的庞大．但是仅仅数量上的庞大显然无法看出大数据这一概念和以往的“海量数据”（massive data）、“超大规模数据”（very large data）等概念之间有何区别。大数据具有三大特点，即3V，规模性（Volume）、多样性（Variety）和高速性（Velocity）。除此之外，还有提出4V定义的，即尝试在3V的基础上增加一个新的特性，价值性（Value），大数据的价值往往呈现出稀疏性的特点。数据规模正持续膨胀，已从过往的GB、TB级别跃升至如今的PB，乃至EB和ZB级别。根据IDC的研究报告预测，未来十年间，全球大数据量预计将激增50倍，同时，用于管理数据仓库的服务器数量也将扩大10倍之多。

大数据类型多样，涵盖了结构化、半结构化和非结构化数据。在当今的互联网应用中，非结构化数据的增长尤为突出，已成为网络大数据的重要组成部分，与结构化和半结构化数据共同构建了大数据的多元特征。这类非结构化数据的生成通常伴随着社交网络、移动计算以及传感器等新兴技术的广泛应用。此外，网络大数据常呈现出突发式增长等非线性演变特征，因而难以进行精确的评估与预测。同时，网络大数据多以数据流形式快速、动态地产生，具有极强的时效性，用户唯有及时掌握数据流，方能充分发挥其价值。近年来，网络大数据的影响力日益显著，正深刻改变着人们的工作方式与日常生活。大数据应用涉及的领域非常广泛，如电商推荐系统、智能交通管理、金融风险控制、医疗健康分析等。

网络大数据以数据流形式动态生成，具有强烈的时效性和复杂性，需要高效的数据流管理来挖掘其潜在价值，已成为推动国民经济信息化升级的重要力量。能源安全作为国家安全的重要组成部分，在当前全球能源结构转型的背景下愈发关键。随着网络大数据的迅速发展，能源行业正迎来新的机遇与挑战。大数据通过实时动态生成的数据流，为能源行业的管理与决策提供了宝贵的信息支持。然而，能源行业面临的数据类型复杂多样，包括结构化、半结构化和非结构化数据，这些数据需要高效的管理与分析工具。网络大数据在能源领域的应用，既能帮助监测能源供应链的风险，又能提升能源利用效率，成为保障能源安全的重要技术支撑。

大数据技术的突破正在推动能源行业模式的革新。通过对能源大数据的分析，企业能够有效降低能源消耗成本，提升资源利用效率，优化供应链管理。尤其在可再生能源和新能源领域，大数据能够实时监测能耗、预测能源需求，并为能源调度提供科学决策支持。这种数据驱动的转型不仅有助于减少化石能源的依赖，推动清洁能源的发展，还为能源行业创造了数据服务、能源管理等新兴产业，提升了行业整体的竞争力。尽管网络大数据在能源安全中发挥着重要作用，但仍面临诸多挑战。由于能源行业的大数据多以非结构化形式存在，如传感器数据、气候数据、设备运行数据等，目前缺乏有效的方法进行统一表示与分析。此外，能源数据的突发性和高速增长特征，增加了预测和管理的难度。因此，如何解决这些共性问题，提升数据处理能力，成为能源行业数字化转型的关键。同时，行业需平衡数据处理的成本与效益，以确保大数据技术的可持续应用。

大数据的应用不仅推动了能源行业的发展，还引发了能源科学研究方法的变革。从传统的实验科学和理论科学，到如今的大数据驱动科学，科研人员无须直接接触能源系统本身，只需通过分析庞大的能源数据集即可获取所需信息。这种新型科研模式加速了能源技术的创新，同时也为能源管理提供了更精准的决策依据。描述性分析、诊断性分析、预测性分析与规范性分析等大数据分析方法，在能源领域的应用日益广泛，为提高能源效率、优化调度和风险管理提供了重要支持。

网络大数据作为能源安全的重要保障，不再是能源行业的附属产品，而是贯穿能源生产、传输、消费全过程的核心纽带。通过对能源大数据的深度挖掘与应用，行业可以降低运营成本、提升生产力，并促进能源体系的可持续发展。在未来，数据驱动的能源行业变革将催生出诸如数据能源、智能电网等战略性新兴产业，为国家能源安全和全球能源格局的重塑提供新的增长动力，成为信息技术与能源行业深度融合的关键引擎。

## 2.2 能源安全理论

能源安全问题是在石油成为主要能源形式后逐渐凸显的。最初，能源安全主要体现在两次世界大战期间，主要关注军事领域，尤其是与以石油为动力的军事燃料供应相关的安全问题。现代意义上的能源安全概念，特别是对其的重视，源于20世纪70年代的两次全球石油危机。这些危机对主要发达国家的经济造成了重大影响，促使它们更加关注能源安全。国际能源署在巴黎正式成立，其主要目的是整合成员国的资源，建立一种适应性强的协调机制，以通过合作来增强各国的能源安全保障能力。在这一时期，能源安全的概念和战略发展主要集中在发达国家，其核心在于减少对石油进口的依赖，并确保石油供应不受中断。

随着全球能源资源的开发与利用，新的能源安全问题不断显现，人类社会对能源安全的理解和认识也在不断加深，能源安全的概念逐渐扩展。围绕保障能源安全的理论研究也随之发展。至今，能源安全理论经历了三个阶段：萌芽阶段、形成阶段和发展阶段。

（1）能源安全理论的萌芽阶段

能源安全的概念最早可追溯至 1943 年，由美国专栏作家李普曼首次提出的“国家安全”一词引申而来[21]。美国学界将国家安全主要界定为与军事力量相关的威胁、使用与控制，国家安全几乎等同于军事安全。1973 年和 1979 年两次石油危机的冲击凸显了能源安全的重要性，由全球性石油危机引发经济危机，成为主要发达国家关注能源安全的直接动因。在石油危机冲击下，经济安全、能源安全等非传统安全日益受到重视。

梅森 · 维尔里奇提出能源安全相关定义，基于国家角色的不同（进口国或出口国）进行了区分，一方面，进口国的能源安全侧重于保障充足的能源供给，从而维持经济的平稳运转；另一方面，出口国的能源安全则注重维护资源主权，确保国际市场的稳定，以实现持续的收入来源。既考虑了进口国对能源供应的稳定性和可靠性的需求，也考虑了出口国对自身资源主权和市场稳定的关注。这些定义为我们理解和评估能源安全提供了重要的视角和框架。

19 世纪 80 年代，国际能源署从能源供应安全的角度出发，将能源安全界定为以合理的价格获取充足的能源供给[22]。具体来说，这个定义强调了能源供应的稳定性、价格的合理性以及能源需求的满足程度。它要求能源供应必须持续、不间断，能够满足国家或地区的日常和应急需求，并且价格要在可接受的范围内，不会对社会经济发展造成过大的负担。总的来说，国际能源署对能源安全的定义是一个综合性的概念，它涵盖了能源供应的稳定性、价格的合理性、能源需求的满足程度以及对环境和可持续发展的关注。

鉴于石油危机对各国经济造成的深远冲击与破坏，在这一阶段，能源安全议题逐渐成为全球学术界关注的焦点。各国政府及专家学者深入钻研石油安全评估框架、价格波动及供应中断的经济后果，并积极探寻确保石油稳定供应的有效策略。哈佛大学出版的《能源与安全》呼吁国家大量储存石油，以使国家免受可能的石油中断的影响。而美国联邦紧急事务局（Federal Emergency Management Agency，FEMA）的研究提出，敦促国家能源系统的分散化，以减少遭受攻击的脆弱性[23]。同时，自20世纪80年代中期起，伴随全球气候变暖趋势加剧及大气环境质量显著恶化，公众对环境保护的紧迫性形成了普遍认识。发达国家着手重新评估其能源安全策略，并在后续制定的国家能源发展规划中，纳入了使用安全的新理念。经济安全、生态环境安全被确立为国家能源安全不可或缺的两大核心要素。

（2）能源安全理论的形成阶段

①国内能源安全理论的相关研究

20世纪90年代至21世纪初，能源安全理论逐渐形成。我国学者主要从能源安全形势、能源安全政策[18],[24]—[27]等方面展开研究。张雷等人[26]指出，相较于以往，我国当前面临的能源安全挑战更为严峻，主要体现在资源供给的稳定性、供需矛盾的加剧、石油及其产品对进口的依赖增加，以及生态环境质量的持续恶化等方面。周凌云[25]提出面对世界能源危机，我国应节约能源和开发新能源以应对能源安全问题。朱兴珊等[27]认为我国能源安全战略方向及实施路径应聚焦于：以成本效益最优的方式强化国家实力，力求降低国民经济对石油资源的过度依赖。同时，积极促进与石油消费国及出口国的沟通交流，不断扩大国内市场的对外开放度，深化与产油国及国际石油公司的合作伙伴关系；应推行能源来源多样化策略，包括石油进口渠道、采购方式及运输路径的多元化，建立石油战略储备，以应对潜在能源供应风险等等。

在石油安全评价的发展过程中，研究者们通过构建模型、收集数据等方式，深入分析了石油中断可能带来的经济损失以及油价波动对全球经济的传导效应。学者们关注石油进口带来的外部性[28],[29]，试图找到对石油进口征税的最佳水平，以补偿不安全供应带来的外部性。这些研究不仅揭示了能源政策与石油安全之间的内在联系，也为其他国家制定能源战略提供了有益借鉴。随着全球化步伐的加速、能源需求的激增及价格上扬，加之环境问题的日益凸显，国家能源安全的考量已囊括了生态保护和可持续发展战略等因素[30]。

②国外能源安全理论的相关研究

国外能源安全理论相关研究，包括石油进口策略的优化研究，石油战略储备的相关研究，能源安全评价的相关研究，以及能源安全政策的相关研究等。

石油进口来源的多样化是降低风险的有效手段，但并非进口国家越多就越安全。在选择进口来源时，必须综合考虑多重因素。例如，政治稳定性直接影响石油供应的连续性；运输距离则关系到成本和运输安全；原油质量影响加工效率和产品价值；而贸易政策则可能决定石油进口的成本和便利性。通过全面评估这些因素，国家能够制定出更为合理和切实有效的进口策略，优化进口目标和路径。

战略石油储备是应对油价上涨和供应中断冲击的有效工具。许多发达国家的实践已经证明了这一点，而国际能源署成员国建立满足90天进口量的战略石油储备规定，也成为其他国家效仿的标准。战略石油储备并非一成不变，而是需要根据市场状态进行动态调整[31],[32]。如何确定最优的储备规模、补仓和释放策略，是各国面临的重要课题。Zweifel 等[33]建立了一个考虑能源供应多种风险的模型，以说明“90天的石油储备”非最优储备量，建议进行调整以使其更加优化。

石油安全评价在这一阶段成为研究重点，理论方法体系发展迅速，从最早的混合整数规划、弹性分割模型，逐步发展到综合评价指数方法[34]，再到仿真模型的构建。在石油安全评价理论的发展过程中，对石油中断预期成本、油价冲击的经济影响等问题的研究一直是核心内容[35]，其中石油经济易损性被用于评估石油进口带来的经济风险。Wei 等人[36]基于决策树模型对中国的最优石油战略储备（Strategic Petroleum Reserve, SPR）规模进行了实证分析。Wu 等人[37]提出了一个不确定规划模型来分析中国 SPR 的收购策略，但对于全面的 SPR 政策仍有待探讨。Zhang 等人[32]开发了一个中国战略石油储备（Strategic Oil Stockpiling for China, SOSC）随机动态规划模型，以确定2009年至2039年间几种不同情况下的最佳战略石油储备规模，从而据此制定石油获取和释放策略。

随着中国、印度等发展中国家石油供应安全问题的日益凸显，关于这些国家石油战略储备的研究也逐渐增多。研究内容不仅涉及储备规模、补仓和释放策略的优化，还探讨了储备体系的建设和管理等问题。研究者们通过模拟各种能源政策对油价冲击带来的经济损失的减弱效果，为这些国家制定有效的能源政策提供了科学依据[38]。研究方法上，博弈论和规划模型等优化方法得到了广泛应用，为制定科学合理的石油战略储备策略提供了有力支持。

（3）能源安全理论的发展阶段

21 世纪初至今，在受到石油危机的冲击和石油资源短缺的背景下，为减少对石油资源的依赖，西方国家纷纷采取能源使用多样化的政策，增加对天然气和新能源等其他能源的使用。国际能源署的 2024 年度能源报告显示，全球能源构成中化石燃料的比例在十年间略有下降，从 2013 年的 82% 降至 2023 年的 80%，尽管同期全球能源需求增长了 15%，但其中清洁能源的贡献率高达 40%。技术进步、能效提升以及产业结构的优化调整，共同推动了全球能源消耗强度的持续下降。2023 年，全球可再生能源领域经历了前所未有的增长，新增装机量突破了 560 吉瓦大关，而我国在全球可再生能源新增装机量中的占比高达约 60%，为推动全球能源结构转型和构建清洁美好的世界环境发挥了举足轻重的作用。展望未来至 2030 年，全球可再生能源的总装机量预计将超出当前各国设定目标总和的 25% 左右，足以应对全球电力需求的增长。

根据报告预测，在当前的政策框架与市场环境下，从 2023 年至 2030 年间，清洁能源的增长量将超出全球电力需求增长总量的五分之一。至 2030 年，预计全球发电设施中的煤炭消耗量将缩减 10%，而石油的消耗量则将大幅下降 50%。届时，能源体系的二氧化碳排放量将首次实现停滞，不再呈现增长趋势。当前，全球已有约 140 个国家制定了旨在保障能源安全和应对气候变化的政策措施，这些举措有力地促进了各行业加速向清洁能源转型的步伐。

随着能源安全概念的内涵与外延不断拓展，其关注点已从传统的化石能源领域逐渐延伸至新能源范畴，这一转变不仅反映了全球能源结构转型的深刻趋势，也凸显了新能源在保障国家能源安全、促进能源可持续安全中的核心地位。近年来，学术界对于新能源相关问题的探讨日益深入，涵盖了多个关键领域，包括新能源产业战略[39]—[42]、新能源汽车定价策略[43]—[44]、新能源汽车企业创新[45]，新能源技术[46]—[47]等。新能源产业战略的研究聚焦于如何优化资源配置、构建完善的产业链体系，以及制定促进产业发展的政策措施，以实现新能源的高效利用和规模化发展；新能源汽车定价策略则关注于在市场需求、成本结构、政策补贴等多重因素影响下，如何合理设定价格以促进消费者接受度与市场规模的扩张；新能源汽车企业的创新研究则着重于技术创新、管理创新及商业模式创新，以提升企业核心竞争力，加速新能源汽车产业的迭代升级；而新能源技术的研究则深入探索太阳能、风能、地热能等可再生能源的高效转换与利用技术，以及储能技术的突破，为新能源的大规模应用提供坚实的技术支撑。这些研究共同构成了新能源领域研究的多维视角，为推动全球能源转型和可持续发展战略的实施提供了宝贵的理论与实践指导。

## 2.3　风险管理理论

风险管理作为一门学科在20世纪60年代中期形成，早期阶段即“传统风险管理阶段”，主要持续至20世纪70年代末。这一时期的风险管理研究集中于定义和区分风险管理对象，着重于识别对企业产生不利影响的风险类型，并采取措施进行解决。代表性的著作包括1963年的《企业的风险管理》和1964年的《风险管理与保险》，这些研究为风险管理理论奠定了基础。到了20世纪80年代末至21世纪初，随着首席风险总监（CRO）职位的出现，风险管理进入了现代风险管理阶段，标志着整合性风险管理的开始。

自21世纪初起，风险管理领域发展至“全面风险管理”的新阶段。这一时期的重要里程碑是COSO于2004年发布的《企业风险管理——整合框架》，此框架中所述的风险管理理念、内容和架构，构成了现代全面风险管理理论的基石。在全面风险管理阶段，重点放在将风险效益视为核心价值，通过全面理解风险、全方位整合和全过程管理来实现。这个阶段的风险管理涉及将已有的各类风险管理技术和方法进行综合，这种综合本身代表了一种创新。随着时间的进展，风险管理作为管理学的一个分支，其理论和方法也在不断演化，以满足企业在不断变化的风险环境中的需求。

目前，风险整合的方法和理念仍处于发展阶段，需要更深入的研究和探索。风险管理作为一个动态的过程，主要从三个阶段出发，包括风险识别、风险评估、风险应对，具体内容如表 2-1 所示。

**表 2-1　风险管理流程**

| 风险管理流程 | 内容 |
|---|---|
| 风险识别 | 指的是在风险事故发生前，系统地并持续地使用多种方法来识别面临的各类风险，并分析可能导致风险事故发生的潜在原因。 |
| 风险评估 | 在风险事件尚未发生或正处于发生过程中（但尚未完结）时，对该事件可能给人们的日常生活、健康状况、财产安全等方面带来的具体影响及损失进行数值化的分析评估，也就是对某一特定事件或状况可能造成的各种后果或损失进行详细的量化测算。 |
| 风险应对 | 制订并执行针对风险控制的策略，以确定并采用降低风险发生概率及其负面影响的措施。 |

风险的存在是不可避免的，它是风险管理的对象，针对风险采取有效的、积极的管理措施，使得人类能够极大降低风险带来的损失与伤害。

### 2.3.1　风险识别理论

在风险识别领域，主要的方法可以分为定性和定量两大类型。定性分析法涵盖了诸如问卷调研法、集团智慧激发法、决策树、层次结构分析、德尔菲共识法、头脑风暴等方法，其中在应对突发事件时，故障树分析法是一种常用的定性风险识别技术；而定量分析法则包括主成分提取法、粗糙集理论法、模糊综合评价法、支持向量机法和敏感性分析等方法。几种常用的风险识别方法的比较如表 2-2 所示。

表 2－2　　风险识别方法比较

| 方法 | 基本原理 | 优缺点 |
| --- | --- | --- |
| 问卷调研法 | 由资深专家设计问卷，用于风险因素的识别 | 操作简便易行；但可能针对性不足，且实施过程可能耗时耗资 |
| 集体智慧激发法 | 汇聚团队智慧与专家见解，通过创意碰撞识别风险并寻求解决方案 | 能迅速汇聚专家意见，形成风险识别成果；但易受权威意见影响 |
| 德尔菲共识法 | 组织专家多轮研讨，就风险议题达成共识 | 适用于复杂且影响深远的风险识别；但难以量化分析 |
| 层次结构分析法 | 将复杂决策过程模型化，结合定量与定性分析进行风险识别 | 系统性强，简洁实用；但主观判断成分较大 |
| 故障逻辑树法 | 基于元件关联与故障模式，构建自上而下的故障分析树 | 无法评估未知或不可预见的风险 |
| 主成分提取法 | 将多维指标简化为少数综合指标，降低数据维度 | 能有效简化数据，便于处理；但可能损失部分细节信息 |
| 粗糙集理论法 | 依据信息系统中知识的不可区分性，进行属性精简与规则提取 | 无须额外先验知识，数据推理过程客观 |
| 模糊综合评估法 | 将定性描述转化为定量评价，通过模糊运算得出评估结果 | 结果明确，适用于模糊与非确定性环境的风险识别 |
| 支持向量机法 | 基于最小化结构风险的机器学习，利用核函数提升模型泛化能力 | 泛化能力强，分类精度高，确保全局最优解 |

### 2.3.2　风险评估理论

进入 20 世纪 80 年代，随着发展中国家经济的蓬勃兴起，风险管理在这些国家中受到了前所未有的重视。风险管理的研究也逐渐从发达国家向发展中国家扩展。为了推动风险管理科学在发展中国家的普及与应用，1987 年，联合国相关机构发布了一份题为《发展中国家管理推广》的研究报告。时至今日，风险损失分析已经渗透到化工、航天、环保、海洋、石油、医疗、交通、经济、水利、土木等多个领域，并在这些领域中取得了显著的研究成果和应用价值。

风险评估通常指风险概率评估，是风险分析流程中最为复杂且至关重要的环节。在当前的风险评价实践中，面对统计资料匮乏的挑战，常采用专家调查、德尔菲法及层次分析法（AHP）等手段进行概率估计，这些方法的有效性高度依赖于专家判断的准确性与可靠性。

随着数值计算技术和计算机科学的进步，蒙特卡洛方法、贝叶斯网络模型、KMV 模型、Logistic 模型和信息扩散模型用于风险评估领域。蒙特卡洛方法在处理大型复杂系统，尤其是那些功能函数非显式表达的可靠性问题上展现出独特优势。贝叶斯网络模型常用于处理数量大、计算复杂的问题。马尔科夫链基于初始状态和转移概率预测系统未来状态变化。KMV 模型利用资产市场价值随机过程模拟，常用于精确计算违约距离以预测违约概率的风险模型。Logistic 模型无须严格假设，是一种通过识别关键因素预测不同自变量水平下风险概率的统计方法。信息扩散技术则是一种针对信息稀缺情境的应对策略，它通过优化利用有限的小样本信息，并运用集值化模糊数学处理，将单一观测值扩展为模糊集合，实现了从单点信息到集合信息的转换。依据信息扩散理论，在封闭系统中，信息倾向于向浓度降低的方向扩散。这一方法有效克服了小样本数据的局限性，特别是在区域历史数据稀缺、风险评估资料不完整，但又需获得贴近实际风险评估结果时，信息扩散模型成为一个极具价值的选项。几种常用的风险概率评估方法比较如表 2－3 所示。

**表 2－3　　风险概率评估方法比较**

| 方法 | 基本原理 | 优缺点 |
|---|---|---|
| 蒙特卡洛模拟 | 一种以概率统计理论为指导的数值计算方法 | 在比较短的时间内由计算机进行多次数值模拟实验；要求变量服从一定的概率分布 |
| 贝叶斯网络模型 | 贝叶斯网络用图形来表示变量间连接概率关系 | 语义清晰，易于理解；需要的数据多，分析计算复杂 |
| 马尔科夫链 | 依据系统的初始状态及状态间的转移概率来推断该系统将来变化趋势的一种科学预测方法 | 对于波动性数据具有良好的预测效果，且建模复杂度可控；当系统较大时，其状态空间图的建立较困难 |
| KMV 模型 | 通过模拟企业资产市场价值的随机过程，准确计算违约距离，预测违约概率 | 根据资本市场资料，预测能力强且准确；在非上市公司信用风险评估中准确性不高 |

续表

| 方法 | 基本原理 | 优缺点 |
| --- | --- | --- |
| Logistic 模型 | 主要用于寻找关键风险因素和预测在不同的自变量水平下发生信用风险的概率 | 变量无须服从正态分布与严格的假设条件；只有违约和不违约情况，忽略难以量化因素 |
| 信息扩散模型 | 利用扩散函数，将样本数据的信息分布到指标域中，根据这一过程计算每个离散点在指标域中的超越概率，并将此概率作为对应的风险评估结果 | 一般为小样本数据集，并且模型尚处于不断优化和完善的过程中，所以在实际应用时需与其他方法相结合，以实现优势上的互补与增强 |

### 2.3.3　风险应对理论

风险应对是在识别和评价风险的基础上，制定并执行一系列措施以减轻风险发生的概率和影响，确保组织或个体能够安全、高效地运作。风险应对理论涵盖了多种策略和方法，旨在通过科学、合理的方式管理风险，减少潜在损失。常用的风险应对方法有案例推理法、前景理论法、CBR 法、博弈论法、群决策法、故障树分析法、机器学习方法等，如表 2－4 所示。

**表 2－4　　风险应对方法比较**

| 方法 | 基本原理 | 优缺点 |
| --- | --- | --- |
| 案例推理法 | 借鉴过往具体案例经验来解答新出现的问题 | 优点在于能结合文献对单一对象深入分析，揭示普遍规律；但局限性在于个别案例可能无法代表整体情况 |
| 前景理论法 | 考虑决策者心理，认为个人会根据参照点变化风险态度 | 引入了得失参照，解释了人们在风险面前的不同表现；但缺乏严谨的理论和数学支撑，仅描述了人们的行为模式，未提供行为指导 |
| CBR（基于实例推理）法 | 通过查找相似历史案例来求解当前问题 | 优点在于能快速找到基于实例的最优解；但高度依赖于历史案例的质量和数量 |
| 博弈论法 | 在特定规则下，多个个体或团队根据对方策略制定自身策略 | 优点在于能深入分析个体预测与实际行为，优化策略选择；但忽略了经济人与自然人行为模式的差异 |

续表

| 方法 | 基本原理 | 优缺点 |
| --- | --- | --- |
| 群决策法 | 由多人组成的群体共同进行决策 | 优点在于能充分发挥集体智慧，提高决策认同度；但决策过程可能较慢，且易受个别成员或子群体影响 |
| 故障树分析法 | 从系统不希望出现的状态出发，自上而下分析故障原因 | 优点在于能系统分析如何避免初始故障；但可能无法涵盖所有潜在的初始故障点 |
| 机器学习方法 | 利用训练数据自动学习并改进模型，以对新数据进行预测或决策 | 适用于多种数据类型和问题类型，自动学习并改进性能；需要大量数据进行训练；对参数调节和模型选择敏感；模型解释性可能较弱 |

表2－4中每种方法都有其独特的基本原理和适用场景，也伴随着一定的局限性。案例推理法和CBR法依赖于历史经验，能快速找到解决方案但可能受限于案例的代表性；前景理论法考虑了决策者的心理因素，为理解风险态度提供了新视角，但缺乏具体的操作指导。博弈论法和群决策法则强调策略互动和集体智慧，但分别面临着忽略个体差异和决策效率的问题。故障树分析法能系统分析故障原因，却可能遗漏潜在故障。而机器学习方法，作为数据驱动的方法，能自动学习并改进模型，适用于多种问题类型，但其效果高度依赖于数据质量和模型选择，且部分模型解释性较弱。因此，在实际应用中，应根据具体问题和需求，综合考虑各种方法的优缺点，选择合适的方法进行风险识别与决策。

## 2.4 大数据分析理论

当前，我们正步入一个由大数据与人工智能技术引领的新型工业革命纪元，其核心标志在于，海量且多样的数据被视作一种新型的生产要素。这些数据通过先进的数据挖掘和机器学习技术等人工智能手段的高效处理，能够释放出巨大的价值。

大数据分析理论不仅仅是数据处理的技术集合，更是挖掘能源安全深层规律、预测未来趋势、优化决策制定的关键所在。大数据分析理论中，数据挖掘与机器学习是大数据分析中两个极为关键的要素，为其提供强有力的工具和技术支持。大数据分析融合了数据挖掘的精髓，通过先进的算法和技术，从海量的能源数据中提取出有价值的信息和知识；借助机器学习的力量，我们能够构建出精准的预测模型，为能源供需平衡、能源政策制定提供科学依据。同时，数据可视化技术让复杂的数据变得直观易懂，为决策者提供了清晰的洞察。在能源安全这一关乎国家经济命脉和社会稳定的重要领域，大数据分析理论对于构建更加安全、高效、可持续的能源体系具有重要作用。

数据挖掘与机器学习是数据分析领域中的两个紧密相关但又有所区别的概念。数据挖掘是一个从大量数据中提取有价值信息和模式的过程，它涵盖了数据的收集、清洗、整合、分析和可视化等多个环节，旨在发现数据中的隐藏规律和关联。而机器学习则是人工智能的一个子集，专注于通过算法和模型从数据中学习和预测，它利用监督学习、无监督学习等技术来训练模型，以便对新数据进行准确的预测和分类，数据挖掘与机器学习的异同点如表2-5所示。

**表2-5　　数据挖掘与机器学习的异同点**

| 异同点 | 数据挖掘 | 机器学习 |
| --- | --- | --- |
| 定义 | 从大量数据中提取有价值的信息和模式的过程 | 通过算法和模型从数据中学习和预测的过程 |
| 范畴 | 涵盖数据收集、清洗、整合、分析和可视化 | 专注于数据的自动化学习和预测 |
| 目标 | 发现数据中的隐藏模式和关系 | 通过学习数据中的模式和规律，对新数据进行预测和分类 |
| 方法与技术 | 统计学、机器学习、数据库技术等 | 监督学习、无监督学习、半监督学习、强化学习等算法 |
| 应用领域 | 市场营销、客户关系管理、信用风险评估、健康管理等 | 图像识别、自然语言处理、语音识别、推荐系统、金融预测等 |
| 数据处理 | 注重数据的完整性和准确性，需要深入清洗和预处理 | 注重数据的特征和表示，需要进行特征提取和转换 |

续表

| 异同点 | 数据挖掘 | 机器学习 |
| --- | --- | --- |
| 核心目标 | 基于数据进行的分析和处理技术，其核心目标都是从数据中提取有用的知识或模式 | 数据挖掘为机器学习提供训练数据和特征选择；机器学习提高数据挖掘的效率和准确性 |
| 侧重点 | 更侧重于数据的整体分析和模式发现，应用领域相对广泛，不仅限于预测和分类 | 更侧重于模型的构建和训练，应用领域更专注于自动化预测和分类任务 |

数据挖掘与机器学习两者在目标上有一致性，即都从数据中提取有用知识，但在方法和应用上各有侧重。数据挖掘更注重数据的整体分析和模式发现，应用领域广泛；而机器学习则更专注于模型的构建和训练，以及自动化预测和分类任务。同时，数据挖掘为机器学习提供了丰富的训练数据和特征选择，而机器学习则提高了数据挖掘的效率和准确性，两者在实际应用中经常相互结合，共同推动数据分析领域的发展。

### 2.4.1 数据挖掘理论

在大数据时代，商业、社会科学、工程技术、医学等领域，以及人们的日常生活中，海量数据集正以数万亿字节（TB）甚至数千万亿字节（PB）的规模，不断涌入计算机网络、互联网和各种数据存储系统。这种数据量的激增，源于社会全面迈向计算机化的进程，以及数据收集与存储技术的飞速发展。可用数据的爆发式增长，是社会信息化进程与强大数据采集、存储工具迅速提升的结果，例如，销售交易、金融市场操作、产品信息、营销活动、企业财务报告、业绩分析和客户反馈等商业活动产生了庞大的数据集；同时，遥感技术、过程监控、科学试验、系统运行、工程观测以及环境监测等科学与工程领域，也在持续生成规模高达数千万亿字节的数据量。此外，社交媒体与社群平台已成为日益重要的数据来源，它们产生了包括数字图像、视频、网络博客、在线社区及多样化的社交网络数据在内的海量信息。海量数据不仅构成了我们日常生活的基石，也成为推动社会进步、科学研究及商业发展的重要驱动力。

（1）数据挖掘的基本概念

数据挖掘是在大型数据存储库中，自动地发现有用信息的过程。数据挖掘技术用来探查大型数据库，发现先前未知的有用模式[48]。数据挖掘还可以预测未来观测结果。数据挖掘是将传统的数据分析方法与处理大量数据的复杂算法相结合的技术。随着数据收集与存储技术的迅猛发展，各组织得以累积庞大数据资源，但从中提炼有价值信息却成了严峻考验。往往因为数据规模庞大，传统数据分析工具和技术难以应对；即便数据集相对较小，数据的非传统特性也增加了传统处理方法的难度。这些任务或许需要借助复杂的算法和数据结构，而它们主要依赖于传统的计算机科学技术及数据的显著特征来构建索引，以实现信息的有效组织与检索[49]。

输入数据可存储为多种形式，如平面文件、电子表格或关系表，既可以集中存放于统一的数据仓库中，也可以分散于多个不同的站点。数据预处理（Preprocessing）的核心目的是将原始数据转换为适合分析的格式。其步骤包括整合来自不同数据源的数据，清理数据以去除噪声和重复记录，并挑选与当前数据挖掘任务相关的记录与特征。由于数据的采集与存储方式多样，数据预处理通常是整个知识发现过程中最耗时且最烦琐的环节。

（2）数据挖掘类型

数据挖掘作为现代数据分析的核心技术之一，旨在从海量、复杂的数据中提炼出有价值的信息和知识。它涵盖了多种类型和方法，每种方法都有其独特的应用场景和价值，以下是对几种主要数据挖掘类型。

①挖掘频繁模式

频繁模式指的是在数据集中反复出现的特定模式，这些模式有多种表现形式，主要包括频繁项集、频繁子序列（也称作序列模式）以及频繁子结构。频繁项集通常指的是在事务数据集中经常一同出现的商品组合。而频繁子序列，例如消费者往往先买便携式电脑，接着买数码相机，再买内存卡，这样的购买顺序就构成了一个频繁序列模式。至于频繁子结构，它可能涵盖图、树或格等多种结构形态，并能与项集或子序列相互融合。当某个子结构在数据集中频繁出现时，我们称为频繁结构模式。挖掘这些频繁模式有助于揭示数据中隐藏的关联与相关性。

②用于预测分析的分类与回归

分类旨在构建能够描述并辨别不同数据类别或概念的模型（或称为函数)，从而利用该模型对未知类别标签的对象进行准确预测与归类。数据挖掘模型可用来预测类标号未知的对象的类标号。如，决策树是一种类似于流程图的树结构，其中每个节点代表在一个属性值上的测试，每个分支代表测试的一个结果，而树叶代表类或类分布；当用于分类时，神经网络是一组类似于神经元的处理单元，单元之间加权连接。此外，还有许多构造分类模型的其他方法，如朴素贝叶斯分类、支持向量机和K最近邻分类等等。

③聚类分析

聚类（Clustering）分析专注于数据对象本身，不预先设定类别标签。在实际应用中，很多时候数据并未事先标注类别。聚类过程依据增强组内相似度、降低组间相似度的原则，将数据对象进行分组或聚类。这意味着，最终形成的各个簇内部对象之间具有高度相似性，而与其他簇的对象则存在显著差异。每个簇都可视为一个对象类别，并可据此提炼出相应规则。此外，聚类还有助于构建分类体系，即将观测数据按层次结构组织起来，使相似事件得以归类聚合。

随着各类应用的不断涌现，我们面临着数据类型日益复杂化的挑战。从传统的结构化数据，如关系数据库和数据仓库中的数据，到半结构化乃至非结构化数据；从静态不变的数据库，到实时变化的数据流；再到涵盖时间数据、生物序列、传感器读数、空间信息、超文本、多媒体资料、软件代码以及Web内容和社会网络数据等多样化的数据对象，数据类型之丰富前所未有。考虑到数据的多样性以及数据挖掘目标的不同，显然依靠单一系统处理所有数据类型并不现实。因此，为了更高效地挖掘特定类型的数据，研究人员正积极开发针对特定领域或应用需求的数据挖掘系统。然而，为如此广泛的应用场景构建高效的数据挖掘工具，仍是一项艰巨的挑战，也是当前研究的热点所在。

同时，随着全球信息网络的不断扩展，我们需要从动态、网络和全球化的数据库中挖掘知识。这些数据库通过互联网和各种网络紧密相连，构成了一个庞大、分布式且异构的信息系统。在这样的环境下，从具有不同数据语义的多种数据源中发掘知识，对数据挖掘技术提出了更高要求。相较于从孤立的小数据集中挖掘知识，探索这种庞大且互联的信息网络，有望帮助我们在异构数据集中发现更多、更有价值的模式和知识。因此，互联网挖掘、多源数据挖掘以及信息网络挖掘已成为数据挖掘领域极具挑战性且快速发展的方向。

### 2.4.2　机器学习理论

机器学习，作为计算机科学的一个重要分支，广义上被定义为基于经验提升性能或者进行精准预测的计算方法。这里经验指的是学习器可利用的过去信息，这些信息通常以收集和分析的电子数据的形式存在。这些数据可能是经过人工标注的样本集，也可能是通过与外部环境交互而获得的各类信息。机器学习的研究重点在于开发高效且精确的预测算法，这些算法能够基于已有数据预测未来可能发生的事件或情境[50]。它融合了计算机科学中的概念学习、统计学、概率论以及优化理论等多种思想，形成了一种数据驱动的方法论。近年来，机器学习技术已广泛应用于多个领域，如文本与文档的分类、欺诈行为的检测、个性化推荐系统的构建、自然语言的理解与处理、语音的识别、光学字符的识别，以及计算生物学和医疗诊断等，展现了其强大的数据处理与模式识别能力。

（1）机器学习问题类型

①分类任务（Classification Task）

在分类任务中，算法的目标是为每个输入项分配一个预定义的类别标签。文本分类也是分类任务的一个典型应用，它需要将文本内容归类到如政治、商业、体育或天气等特定类别中。尽管在大多数分类任务中，类别数量是有限且明确的，但在某些复杂场景下，如文字识别或语音识别，类别可能变得极其庞大，甚至理论上可以无限扩展。

②回归任务（Regression Task）

回归任务关注的是预测每个输入项的连续数值结果。例如，预测股票价格、经济指标的变化量或房屋价格等，都属于回归问题的范畴。与分类任务不同，回归任务中的预测误差是根据实际值与预测值之间的数值差异来衡量的。因此，回归算法的目标是尽可能缩小这种差异，以提高预测的准确性。

③聚类任务（Clustering Task）

聚类任务旨在将一组输入项划分为多个相似的群组或簇，使得同一簇内的项具有较高的相似性，而不同簇之间的项则具有较大的差异。这种任务在大数据分析中尤为常见，如社交网络分析中的社区发现。通过聚类算法，我们可以从庞大的用户群体中识别出具有共同兴趣、行为或特征的社群，为深入理解数据集的内在结构和模式提供有力支持。

（2）机器学习情境

常见的机器学习情境可大致分为以下几类，这些情境的差异主要体现在训练数据的类型、获取方式以及评估算法的测试数据。以下将分别说明监督学习、无监督学习、半监督学习和强化学习的基本特点和应用。

①监督学习（Supervised Learning）

监督学习需要使用带有标签的训练数据集，旨在通过这些数据学习输入特征和目标特征（输出特征）之间的明确映射关系。该映射关系在训练后可以用来预测新数据的目标特征值。监督学习算法的核心任务是依据已知的输入和输出特征，推导出适用于未见数据的映射函数。通常情况下，训练数据量较大，但输入与输出之间的关系可能复杂且未知，因此算法需要高效捕捉这些关系以实现准确预测。

②无监督学习（Unsupervised Learning）

无监督学习使用无标签的训练数据，通过算法揭示数据中的潜在结构。与监督学习不同，无监督学习并不需要明确的目标特征，而是通过分析数据的输入特征之间的关系进行建模。由于训练数据中缺乏标签信息，性能的定量评估会相对困难。无监督学习通常用于数据分类、聚类分析或特征降维等场景，旨在探索数据内在的模式或规律。

③半监督学习（Semi - supervised Learning）

半监督学习结合了监督学习和无监督学习的优势，利用同时包含标签和无标签样本的训练数据集构建模型。通过少量有标签数据和大量无标签数据的结合，算法可以在模型性能和数据使用效率之间取得平衡。半监督学习方法需要合理假设未标注数据的分布特性，不当的假设可能导致模型无效。这种方法特别适用于标注数据获取成本较高但无标签数据相对易得的应用场景，例如自然语言处理和医学图像分析。

④强化学习（Reinforcement Learning）

强化学习的特点是训练和测试阶段的融合。学习器通过与环境的交互来获取反馈，以优化其行为策略并最大化累计回报。在强化学习中，算法并非立即得知行为的结果，而需要通过多步动作后才能获得整体回报。强化学习的目标是实现探索与利用的平衡，同时快速适应环境的动态变化。由于奖励的延迟性，决策的时机和正确性对最终结果至关重要。

除了上述几类，实际应用中还存在如在线学习、主动学习、直推学习等其他复杂的学习场景，这些场景为机器学习的研究和应用提供了更广泛的方向。

### 2.4.3 数据可视化理论

数据可视化（Visualization）技术是利用计算机图形学和图像处理技术，将数据转换成图形或图像在屏幕上显示出来，并进行交互处理的理论、方法和技术[51]。可视化技术是一个综合性的体系，它整合了计算机图形学、图像处理、计算机视觉以及计算机辅助设计等多个学科的知识与方法，旨在将复杂数据转换为直观易懂的图形或图像，并在屏幕上动态展示，支持用户与之进行交互操作。该技术最初在科学计算领域崭露头角，催生了科学计算可视化这一重要分支[52]。科学计算可视化专注于将科学实验、测量或计算过程中产生的数字信息，转化为随时间和空间变化的图形图像，助力研究人员直观地观察、模拟和解析科学现象。自1987年提出以来，这一技术在工程计算和科学研究领域取得了广泛应用与快速发展[53]。

随着数据仓库、网络技术和电子商务等新兴技术的蓬勃发展，可视化技术的范畴进一步拓宽，数据可视化的概念应运而生。数据可视化聚焦于大型数据库或数据仓库中数据的图形化表示，它打破了传统关系数据表的局限，允许用户以更加直观的方式洞察数据及其内在结构关系。该技术通过把数据库中的每个数据项视作独立的图形元素，将庞大数据集编织成一幅幅数据图像，并且以多维数据的形式展现数据的各个属性，从而赋予用户从多个维度审视数据的视角，促进了对数据的深度分析与理解。

## 2.5 本章小结

本章从理论层面对能源安全与大数据分析展开了系统性探讨，分为四个主要部分。首先，明确了能源安全、大数据的基本定义与特征，为后续分析奠定了理论基础；其次，深入探讨能源安全理论的发展和演进；然后，回顾了风险管理理论，包括风险识别、风险评估和风险应对，进行全面的风险管理的理论；最后，大数据分析理论重点阐述了数据挖掘、机器学习和数据可视化理论。本章为理解能源安全与大数据融合的内在逻辑提供了重要的理论支撑。

# 第3章　能源安全领域大数据分析方法

## 3.1　机器学习方法

机器学习中的回归技术是一种用于预测连续数值输出的监督学习算法。它通过建立自变量（输入特征）和因变量（目标变量）之间的关系模型，来预测新的、未见过的数据点的目标变量值。机器学习回归技术包括BP神经网络、级联前向神经网络、前馈反向传播网络、Elman神经网络、循环神经网络、线性回归、岭回归等等。

①BP神经网络

BP神经网络（Back Propagation Neural Network，BPNN）是一种多层前馈神经网络[54]。全连接网络的特点是每个单元都与下一层的所有单元相连，每个输出单元将上一层单元的加权和作为输入，并通过一个非线性激活函数进行处理[50]。BP神经网络通常由三层或更多层神经元组成，包括输入层、隐藏层和输出层[50]。输入数据通过输入层加权后传递到隐藏层，而隐藏层的输出可以继续传递到其他隐藏层，虽然隐藏层的数量可以不受限制，但实际应用中通常只使用一层。最后一层隐藏层的加权输出被作为输出层单元的输入，最终由输出层生成网络的预测结果。在提供学习样本后，神经元激活值的传播过程是输入层到中间层、再由中间层到输出层。假设 $x_i$ 为输入，$i \in (1,\ \cdots,\ n)$；$y_k$ 为输出，$k \in (1,\ \cdots,\ m)$，BP 神经网络结构如图 3 – 1 所示。

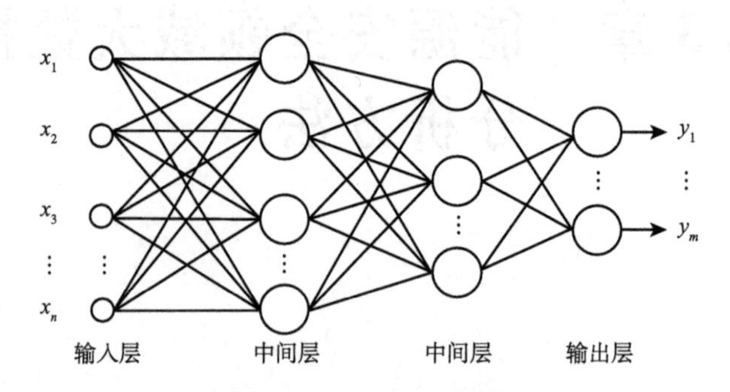


**图 3 –1　BP 神经网络结构**

神经元的结构如图 3 – 2 所示，神经元 $k$ 的输入信号 $x \in R(i = 1,\cdots, n)$ 为其他 $n$ 个神经元的输入；$\omega_{ki}(i = 1,\cdots,n)$ 为权值，$\sum$ 为求和单元，用来求输入信号的加权和。

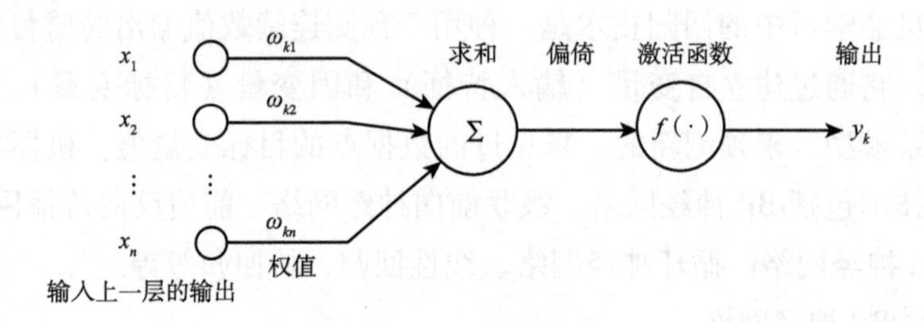


**图 3 –2　神经元结构**

非线性函数 $f(\cdot)$ 为激活函数，具体的模型表达式为：

$$net_k = \sum_{i=1}^{n} \omega_{ki} x_i + b_k \qquad (式 3-1)$$

$$y_k = f(net_k) \qquad (式 3-2)$$

可把偏倚 $b_k$ 看作固定输入 $x_0 = 1$ 对应的权值，即 $\omega_{k0} = b_k$，此时神经元输出为：

$$y_k = f(net_k) = f(\omega_k^T x_k) \tag{式3-3}$$

通过多层次的数据输入与输出对应关系，能够解决内部结构高度复杂的问题。BP神经网络借助训练过程中的学习法则来调整神经元间连接权重，从而达到自适应学习的目的，其应用范围十分广泛。

②级联前向神经网络

级联前向神经网络（Cascaded Feedforward Neural Network）是一种多层前馈神经网络，其中每一层的输出都作为下一层的输入[55]。这种网络结构通过级联的方式逐步提取数据的特征。级联前向神经网络具备多层隐藏层架构，采用反向传播算法来确定权重和偏置。该网络的各层相互级联，信息从输入层逐层向前传递。与非级联的标准BP神经网络相比，级联前向神经网络的每一层都与输入层直接相连，在实验中展现出更优异的非线性拟合特性。

级联向前神经网络具有层层级联的特点，可表示为：

$$\partial^n = f^n(w_1^n \partial^{n-1} + w_2^n p + b^n) \tag{式3-4}$$

其中，$n$为神经网络层数，$W$为隐含层的权值矩阵，其中行数为每个层级神经元的数量，列数为输入个体的数量，$b$为行数与$W$相同的隐含层偏值列向量，$\partial$为每一层的输入向量，$p$为输入，$f$为激活函数，以Sigmoid函数作为连接层别之间的激活函数，运用反向传播算法更新神经网络的权值矩阵和偏值向量。

③前馈反向传播网络

前馈反向传播网络（Feed-forward Backprop），即前馈神经网络（Feed-forward Neural Networks，FNN）与反向传播算法（Backpropagation）相结合。前馈神经网络是最基本的神经网络结构之一，信息从输入层经过若干个隐藏层单向传递到输出层，没有反馈连接。反向传播算法则是一种用于训练神经网络的监督学习算法，通过计算预测值与实际值之间的误差来更新网络权重。

④Elman神经网络

Elman神经网络是一种典型的递归神经网络（Recurrent Neural Network，RNN），这种网络结构在多层前馈网络的基础上，通过引入一个承接层（也称为上下文层或关联层），使得网络具有记忆和处理时间序列数据的能力。Elman 神经网络通常包含四个层级：输入层、隐藏层、承接层（或称上下文层）以及输出层[56]。它的输入层、隐藏层和输出层之间的连接方式与前馈神经网络相似，但不同的是，隐藏层的输出结果会通过上下文层再次传回隐藏层，从而构成一个局部的回馈循环。这种反馈机制使得网络能够利用前一时刻的输出信息来影响当前时刻的输出，从而增强了网络处理动态信息的能力。

与 BP 神经网络相比，Elman 神经网络增加了承接层，提升了数据反馈能力，其网络模型结构如图 3－3 所示。

$$\begin{cases} X_c(t) = x(t-1) \\ x(t) = f(w_1X_c(t)) + w_2u(t+1) \\ y(t) = J(w_3x(t)) \end{cases} \quad (式 3-5)$$

其中，$u(t+1)$ 为输入层的输入，$y(t)$ 为输出层的输出，$t$ 表示时间，$w_1$、$w_2$、$w_3$ 分别为输入层与隐含层、承接层与隐含层、隐含层与输出层之间的连接权值。$X_c$ 为反馈状态向量；$f(\cdot)$ 为隐含层激活函数，选出 tansig 函数，$x(t)$ 为隐含层的输出；$J(\cdot)$ 为输出层激活函数。

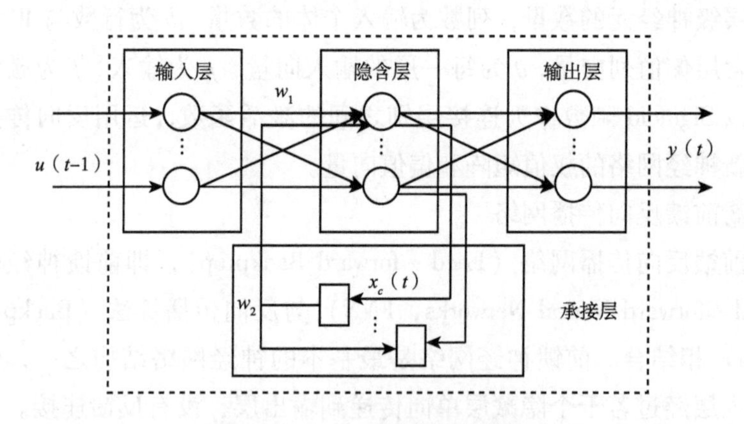


**图 3－3　Elman 神经网络模型**

Elman 神经网络模型中，输入层接收外部输入信号，并将其传递给隐含层。隐含层对输入信号进行非线性变换处理，并将处理结果传递给输出层和承接层，隐含层通常使用 Sigmoid 等非线性激活函数。承接层会保存隐藏层在前一个时间点的输出，并将这些信息作为反馈输入给隐藏层。因此，隐藏层在解析当前输入数据时，能够同时融入之前时刻的输出信息。输出层根据隐含层的输出和可能的承接层反馈信号，计算网络的最终输出。输出层通常使用线性激活函数。

Elman 神经网络具有记忆功能，能够处理具有时间序列特性的数据；其结构相对简单，易于实现和训练；同时，由于引入了反馈连接，网络在处理动态信息时表现出更强的计算能力。Elman backprop 网络是一种具有独特结构和强大处理能力的递归神经网络，Elman 神经网络在语音识别、自然语言处理、时间序列预测等领域有着广泛的应用，适用于处理具有时间序列特性的数据。

⑤循环神经网络

循环神经网络（Layer Recurrent Neural Networks，RNN）是一种特殊的神经网络，其内部存在自连接结构，能够有效学习复杂的矢量到矢量映射。最早由 Hopfield 提出的 Hopfield 网络模型展现了强大的计算能力和联想记忆功能，但由于实现难度较大，逐渐被后续的人工神经网络和传统机器学习方法取代。1986 年和 1990 年，Jordan 和 Elman 分别提出了简单循环网络（Simple Recurrent Network，SRN）框架，这是现代 RNN 的基础形式。随后，RNN 的结构不断演化，发展出许多更复杂的变体。如今，RNN 在处理时间序列相关任务中得到了广泛应用。

RNN 的网络结构通过隐藏层中的循环连接，实现了网络状态在时间上的传递。具体而言，前一时刻的状态能够影响当前时刻的状态，而当前时刻的状态也会传递至下一时刻，从而形成时间序列上的动态关联。RNN（循环神经网络）可以看作是一种深度前馈神经网络，其特别之处在于所有层的权重是共享的，并且通过网络在时间步上的连接进行了拓展。权重共享的概念在隐马尔可夫模型（Hidden Markov Model，HMM）中早已有所体现，HMM 作为一种序列数据建模方法，在语音识别等领域曾大放异彩。HMM 与 RNN 都依赖于内部状态机制来把握序列数据中的相关性。然而，面对时间序列中跨度较大且范围不确定的依赖关系时，RNN 通常能够提供更灵活、更高效的解决方案[57]。

如图 3－4 所示，在时间点 $t-1$，隐藏单元 $h$ 接收两个来源的数据：即网络前一时刻隐藏单元的状态 $h_{t-1}$ 和当前输入数据 $x_t$，并据此计算当前时刻的输出。时间点 $t-1$ 的输入 $x_{t-1}$ 通过循环结构能够影响时间点 $t$ 的输出。RNN 通过时间序列实现，随后采用基于时间的反向传播算法（Back Propagation Through Time，BPTT）对参数进行优化。

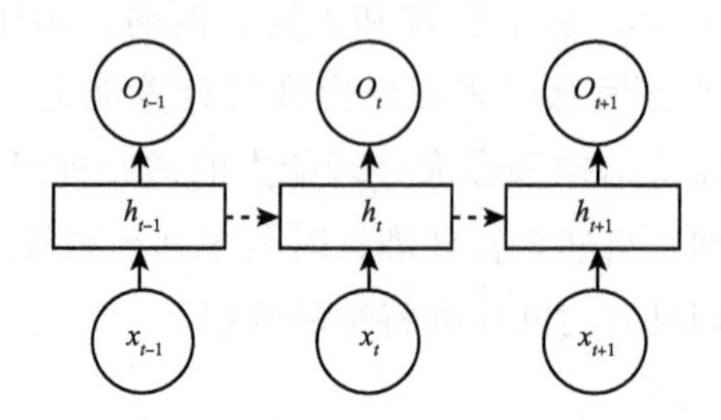


**图 3-4　展开后的循环神经网络结构**

循环神经网络的向前传播可以表示为：

$$\begin{cases} h_t = \sigma(w_{xh}x_t + w_{hh}h_{t-1} + b_h) \\ O_{t+1} = w_{xh}h_t + b_y \\ y_t = \text{softmax}(O_t) \end{cases} \qquad \text{（式 3-6）}$$

其中，$w_{xh}$ 为输入单元到隐藏单元的权重矩阵，$w_{hh}$ 为隐藏单元之间的连接权重矩阵，$w_{hy}$ 为隐藏单元到输出单元的连接权重矩阵，$b_y$ 和 $b_h$ 为偏置向量。$\sigma$ 表示的是一个激活函数，对线性变换后的输出进行非线性变换，从而使神经网络能够处理复杂的非线性关系。RNN 的所有时间步共用同一组参数（权重矩阵），因此网络的复杂度不会随着序列长度增加而增加，所以 RNN 可以处理任意长度的序列数据。$h_t$ 的计算需要 $h_{t-1}$，$h_{t-1}$ 的计算又需要 $h_{t-2}$，以此类推，循环神经网络某一时刻的状态对过去的所有状态都存在依赖。通过隐藏状态，RNN 能够利用时间维度上的信息，因为其隐藏层中存在循环连接，允许信息在时间步之间传递。RNN 能够记住序列中的上下文信息，并用于当前时间步的预测。通过捕捉序列数据中的时间依赖关系，RNN 成为处理序列数据问题的强大工具，尤其在数据具有顺序或时间属性的情况下表现优异。

⑥线性回归

给定数据集 $D = \{(x_1, y_1), (x_2, y_2) \cdots (x_m, y_m)\}$，其中 $x_i = (x_{i1},$

$x_{i2},\cdots,x_{id}$)，$y_i \in \mathbb{R}$。“线性回归”（Liner Regression）试图学习得到一个线性模型以尽可能准确地预测实值输入标记[58]。

当输入属性数目为1时，则有 $D = \{(x_i y_i)\}_{i=1}^{m}$，其中 $x_i \in \mathbb{R}$。对离散属性，若属性之间存在“序”关系，可通过连续化将其转化为连续值，从而得到：

$$f(x_i) = \omega x_i + b, 使得 f(x_i) \simeq y_i \quad (式3-7)$$

均方误差是回归任务中最常用的性能度量，将均方误差最小化，即：

$$(\omega^*, b^*) = \arg\min \sum_{i=1}^{m} (f(x_i) - y_i)^2 \quad (式3-8)$$

$$= \arg\min \sum_{i=1}^{m} (y_i - \omega x_i - b)^2 \quad (式3-9)$$

由于均方误差对应欧几里得距离（Euclidean Distance），基于均方误差最小化来进行模型求解的方法称为“最小二乘法”。在线性回归中，最小二乘法即找到一条直线，使所有样本到直线上的欧氏距离之和最小。将 $E_{(\omega,b)}$ 分别对 $\omega$ 和 $b$ 求导，则有：

$$\frac{\partial E_{(\omega,b)}}{\partial \omega} = 2\left(\omega \sum_{i=1}^{m} x_i^2 - \sum_{i=1}^{m} (y_i - b) x_i\right) \quad (式3-10)$$

$$\frac{\partial E_{(\omega,b)}}{\partial b} = 2\left(\omega b - \sum_{i=1}^{m} (y_i - \omega x_i)\right) \quad (式3-11)$$

设式3-10和式3-11为0，得到 $\omega$ 和 $b$ 最优解：

$$\omega = \frac{\sum_{i=1}^{m} y_i (x_i - \bar{x})}{\sum_{i=1}^{m} x_i^2 - \frac{1}{m}\left(\sum_{i=1}^{m} x_i\right)^2} \quad (式3-12)$$

$$b = \frac{1}{m} \sum_{i=1}^{m} (y_i - \omega x_i) \quad (式3-13)$$

其中，$\bar{x} = \frac{1}{m} \sum_{i=1}^{m} x_i$ 为 $x$ 的均值。

当数据集D样本由 $d$ 个属性描述，则有：

$$f(x_i) = \omega^{\mathrm{T}} x_i + b, 使得 f(x_i) \simeq y_i \quad (式3-14)$$

通过最小二乘法对 $\omega$ 和 $b$ 进行估计。将 $\omega$ 和 $b$ 转换为向量形式

$\hat{\omega} = (\omega, b)$，将数据集 D 表示为一个 $m \times (d+1)$ 大小的矩阵 X，其中每行对应于一个示例，该行前 $d$ 个元素对应于示例的 $d$ 个属性，最后一个元素恒置为 1，再将标记转化为向量形式 $y = (y_1, y_2, \cdots, y_m)$，则有：

$$\hat{\omega}^* = \underset{\hat{\omega}}{\operatorname{argmin}} (y - X\hat{\omega})^T (y - X\hat{\omega}) \quad \text{（式 3-15）}$$

当 $X^T X$ 为满秩矩阵或正定矩阵时，则有

$$\hat{\omega}^* = (X^T X)^{-1} X^T y \quad \text{（式 3-16）}$$

其中，$(X^T X)^{-1}$ 是矩阵（$X^T X$）矩阵的逆矩阵。令 $\hat{x}_i = (x_i, 1)$，则得到线性回归模型为：

$$f(\hat{x}_i) = \hat{x}_i^T (X^T X)^{-1} X^T y \quad \text{（式 3-17）}$$

线性回归模型是一种简单而有效的预测和分类方法，适用于多种场景。然而，在实际应用中需要根据具体问题的性质、数据的特点以及模型的要求权衡其优缺点，并在必要时考虑更复杂的模型。

⑦岭回归（Ridge Regression）

岭回归分析是针对存在共线性问题的数据集的一种有偏估计技术，它实质上是对传统最小二乘法的改进。该方法通过牺牲最小二乘法的无偏性质和部分精确度，来换取一个虽然略有偏差但更加贴近实际情况的回归模型。

Y 是观测向量，X 是解释变量组成的 $n \times p$ 列满秩矩阵，$\beta$ 是 $p$ 维未知系数向量，$\varepsilon$ 是 $n$ 维随机误差向量，$\varepsilon \sim N(0, \delta^2 I)$，则线性回归模型可以表示为：

$$Y = \beta X + \varepsilon \quad \text{（式 3-18）}$$

设 I 为 X′X 特征值组成的对角矩阵，T 是由 X′X 的特征向量进行标准正交化得到的矩阵，从而式 3-18 可表示为：

$$Y = XT'T\beta + \varepsilon = Z\alpha + \varepsilon \quad \text{（式 3-19）}$$

其中，$Z = XT$，$Z'Z = I$，$\alpha = T'\beta$，因此 $\alpha$ 的最小二乘估计可表示为：

$$\hat{\alpha} = I^{-1} Z' y \quad \text{（式 3-20）}$$

岭回归估计可以表示为：

$$\hat{\alpha}_R = (Z'Z + kA)^{-1} Z' y \quad \text{（式 3-21）}$$

其中，A 为单位矩阵，$k > 0$。岭回归（Ridge Regression）是在平

方误差的基础上增加正则项。本书第9章中，各部门碳排放数据之间往往会互相影响，产生多重共线性问题，拟采用岭回归方法进行需求预测。

## 3.2　文本挖掘方法

作为一种独特的大数据形式，文本数据广泛涵盖了所有以自然语言呈现的信息，如网页内容、新闻播报、社交平台动态、商品评价、学术研究论文及官方文件等，同时，语音和视频的转录也能转化为文本数据[59]。文本数据广泛存在于我们的生活中，它以自然语言的形式呈现，如英文、中文等，涵盖了网页、社交媒体帖子（比如微博）、新闻报道、科学文献、电子邮件、政府文件以及各类企业数据。这类数据在我们的日常生活中扮演着至关重要的角色。

文本数据作为人们交流的工具，往往蕴含着丰富的语义、有价值的知识、信息、观点以及个人偏好。作为大数据的一个重要组成部分，文本数据为我们提供了巨大的机会，去挖掘并应用这些知识，特别是那些直接以文本形式表达的意见和偏好。文本数据作为人类自然语言交流的直接产物，其语义层次丰富，相较于非文本数据，它能更直观、更准确地传达知识信息，蕴含着丰富的观点、需求等。从数据挖掘的视角来看，文本数据的这一特性使得计算机能够更有效地自动提取和学习知识，处理和理解这些文本数据往往需要复杂的技术支持。此外，文本数据可视为人类这一智能“感知器”所生成的输出，它能与其他类型的非文本数据相融合，共同驱动辅助型智能系统的发展。本书运用的文本数据处理方法包括：

①词频 - 逆文档频率（TF - IDF）

词频 - 逆文档频率（Term Frequency - Inverse Document Frequency，TF - IDF）是将词项向量化的方法，通过计算出词项的权重，来评估词项在文档中的重要程度[59]。通过 TF - IDF 将评论文本中的词项转化为数值型数据，便于后续运用的机器学习算法构建分类模型。词频（Term Frequency，TF）反映词项在文档中出现的次数；逆文档频率（Inverse Document Frequency，IDF）指衡量词项在很多文档中都没有出现的频率，一个词 $w$ 在文档 $d$ 中词频表示为 $TF(w, d)$。假设 $M$ 为文档集合中文档的总数，$df(\cdot)$ 表示文档频率（即包含词 $w$ 的文档数目），$IDF$ 可以定义为：

$$IDF(w) = \log\left(\frac{M+1}{df(w)}\right) \quad (式3-22)$$

则 $TF-IDF$ 的计算公式可表示为：

$$TF-IDF = TF(w,d) \times IDF(w) \quad (式3-23)$$

②潜在狄利克雷分配主题模型

潜在狄利克雷分配主题模型（Latent Dirichlet Allocation，LDA）一种在概率潜在语义分析（Probabilistic Latent Semantic Analysis，PLSA）的基础上发展而来的文档主题生成模型[59]。该方法可以为新的未出现的文档赋予概率，给出所有可能的文档的分布。LDA 主题模型中，通过比较每个类别对应的生成模型预测文档的概率，并把文档分配到概率最高的那一类。每个文档的主题覆盖分布都被设定为来自狄利克雷的先验分布，它定义了多项式分布在整个参数空间上的分布，即一个关于主题的概率向量。

假设每个词项分布中的任何词项都是无偏的，并且对每个文档中的任何主题也是无偏的，C 是整个集合，控制主题覆盖的狄利克雷分布有 $k$ 个参数 $\alpha_1$，$\alpha_2$，…，$\alpha_k$，控制主题词分布的狄利克雷分布有 M 个参数 $\beta_1$，$\beta_2$，…，$\beta_k$。每个 $\alpha_i$ 可以被解释为对于主题 $\theta_i$ 的伪计数，而每个 $\beta_i$ 可以被解释为对应词项 $\omega_i$ 的伪计数。LDA 生成模型组件可以定义为包含 $k$ 个词项分布 $\theta_1$，$\theta_2$，…，$\theta_k$ 的混合模型，观察到文档 $\omega$ 的概率，其中混合系数为文档 $d$ 的主题覆盖分布 $\pi_{d,j}$，使用最大似然估计来获得 LDA 模型的参数 $\alpha$，$\beta$：

$$(\hat{\alpha},\hat{\beta}) = \text{argmax}_{\alpha,\beta}\log p(C|\alpha,\beta) \quad (式3-24)$$

进行参数估计后，为了获得 LDA 中隐变量的值，需要使用后验推断，描述一个集合中所有主题的 $k$ 个词项分布 $\{\theta_i\}$ 及每个文档的主

题覆盖分布 $\pi_{d,j}$。即使用贝叶斯法则来计算 $p(\{\theta_i\},\{\pi_{d,j}\}\mid C,\alpha,\beta)$：

$$p(\{\theta_i\},\{\pi_{d,j}\}\mid C,\alpha,\beta)=\frac{p(C\mid\{\theta_i\},\{\pi_{d,j}\})p(\{\theta_i\}\{\pi_{d,j}\}\mid\alpha,\beta)}{p(C\mid\alpha,C\mid\beta)}$$

（式 3－25）

式 3－25 给出了变量所可能取值的后验分布，从而进一步得到点估计。LDA 的工作原理是通过 $\pi_{d,j}$ 把文档映射到 $k$ 维空间中，是概率潜在语义分析的扩展。

在 LDA 模型中，困惑度（Perplexity）可以理解为训练出来的模型对于文档属于某个主题的不确定性。困惑度越低，说明模型聚类效果越好。在实际应用中，一般选取困惑度在最小值的“拐点”处的主题数[60]。困惑度计算公式为：

$$perplexity=exp\left\{-\left(\sum_{m-1}^{M}\sum_{n-1}^{N_m}log\left(\sum_{k-1}^{K}p(w_n/z_k)p(z_k/d_m)\right)\right)\Big/\left(\sum_{m-1}^{M}N_m\right)\right\}$$

（式 3－26）

其中，M 为数据集文本数，$N_m$ 为第 M 篇文本词项总数，K 为主题数，$p(w_n/z_k)$ 表示词项 $w_n$ 在主题 $z_k$ 下的概率，$p(z_k/d_m)$ 为测试文本 $d_m$ 在主题 $z_k$ 下的概率。

## 3.3　统计学方法

### 3.3.1　灰色关联分析方法

灰色关联分析（Grey Relational Analysis，GRA）是灰色系统理论中十分活跃的一个分支，它主要用于对一个系统发展变化态势的定量描述和比较。灰色关联分析方法分析不同数据项之间相互联系，相互影响和相互依赖的关系。其基本思想是根据因素之间发展趋势的相似或者相异程度，作为衡量因素间关联程度的一种方法。如果因素发展趋势具有一致性，则可判断两者之间关联程度较大；反之，则关联程度较小。这种方法反映了曲线间的关联程度，即如果两个序列的曲线形状越接近，那么它们之间的关联度就越大，反之就越小。

在多属性决策问题中，设 $X = \{x_1, x_2, \cdots, x_m\}$ 为方案集，$C = \{c_1, c_2, \cdots, c_n\}$ 为属性集，$w = \{w_1, w_2, \cdots, w_n\}^T$ 为属性的权重向量，且 $w_j \geqslant 0$，$\sum_{j=1}^{n} w_j = 1$。方案 $x_i$ 在属性 $c_j$ 下的属性值为 $a_{ij}$，从而得到决策矩阵为：

$$A = \begin{bmatrix} a_{11} & a_{12} & \cdots & a_{1n} \\ a_{21} & a_{22} & \cdots & a_{2n} \\ \cdots & \cdots & \cdots & \cdots \\ a_{m1} & a_{m2} & \cdots & a_{mn} \end{bmatrix} \qquad (式3-27)$$

灰色关联分析的第一步是标准化处理决策数据。在多属性决策中，通过标准化公式来转换决策数据，以消除度量标准和单位差异对决策结果的干扰，从而得到标准化后的决策数据矩阵。将决策矩阵 $A = (a_{ij})_{m \times n}$ 转换为规划化决策矩阵 $R = (r_{ij})_{m \times n}$。

在多属性决策中，属性通常分为两类：效益型（值越大越优）和成本型（值越小越优），其转换方法分别为：

$$r_{ij} = \frac{a_{ij} - \min a_{ij}}{\max a_{ij} - \min a_{ij}} \qquad (式3-28)$$

或 $$r_{ij} = \frac{\max a_{ij} - a_{ij}}{\max a_{ij} - \min a_{ij}} \qquad (式3-29)$$

第二步确定参考数列。选取各备选方案经过规范化处理后的属性值中的最佳值来构成。也就是说，参考数列中的每个元素都是对应属性上的最优表现。

$$R_0 = \{r_{01}, r_{02}, \cdots, r_{0n}\} \qquad (式3-30)$$

其中，$r_{0n} = \max x_{ij}, j = 1, 2, \cdots, n$。

第三步，计算参考数列与属性值数列对应元素只差的绝对值，即参考数列话语属性数列对应元素之间的距离 $\Delta_{ij}$，则有：

$$\Delta_{ij} = d(r_{0j}, r_{ij}) \qquad (式3-31)$$

其中，$i=1, 2, \cdots, m$；$j=1, 2, \cdots, n$。

第四步，计算出最大差 $\Delta_{max}$ 和 $\Delta_{min}$ 和最小差，计算各备选方案属性值数列与参考数列之间的关联系数矩阵 $(\xi_{ij})_{m\times n}$，其中关联系数公式为：

$$\xi_{ij} = \frac{\Delta_{\min} + \rho\Delta_{\max}}{\Delta_{ij} + \rho\Delta_{\max}} \quad \text{（式 3 - 32）}$$

其中，$i=1, 2, \cdots, m$；$j=1, 2, \cdots, n$，式 3 - 31 中 $\xi_{ij}$是比较数列与参考数列在第 $j$ 个评价指标上的相对差值，$\rho \in [0, 1]$ 为分辨系数，$\rho$ 越小，分辨能力越大。

最后，计算备选方案属性值数列与参考数列之间的灰色关联度 $r_i$，则有：

$$r_i = \sum_{i=1}^{n} \xi_{ij} w_j \quad \text{（式 3 - 33）}$$

其中，$i=1, 2, \cdots, m$，依据灰色关联度 $r_i$ 值的大小对各备选方案进行排序并且择优。关联度值越大，对应的方案就越优。

### 3.3.2　ARIMA 时间序列模型

ARIMA 时间序列模型（Autoregressive Integrated Moving Average model），差分整合移动平均自回归模型，又称整合移动平均自回归模型（移动也可称作滑动）。其将非平稳时间序列转化为平稳时间序列，然后因变量仅对它的滞后值以及随机误差项的现值和滞后值进行回归所建立的模型，是时间序列预测的经典分析方法之一。ARIMA 模型包含三个主要部分：

自回归（AR）模型揭示了当前数值与其过往数值之间的关联性，意味着它利用变量本身的历史信息来预估未来的数值。这部分要求时间序列数据具有平稳性，即数据的统计特征（如均值和方差）不随时间发生变化。

差分（I）：由于许多实际的时间序列数据并不满足平稳性要求，因此需要通过差分运算来消除数据中的趋势和季节性因素，使其转化为平稳序列。差分的次数（d）表示需要进行几阶差分才能达到平稳状态。

移动平均（MA）：考虑随机误差项的现值和滞后值对当前值的影响，通过移动平均过程来进一步平滑时间序列数据并减少噪声。

ARIMA 模型通常表示为 ARIMA($p$, $d$, $q$)，其中：

$p$：自回归阶数，表示在预测方程中使用的滞后观测值的数量。

$d$：差分阶数，表示为了使时间序列平稳而进行的差分次数。

$q$：移动平均阶数，表示在预测方程中使用的滞后预测误差的数量。

ARIMA 模型 ARIMA（$p$, $d$, $q$）可表示为：

$$\varphi_p \nabla^d Z_t = \theta_0 + \theta_q(B)\alpha_t \quad \text{（式 3－34）}$$

式 3－34 中，$Z_t$ 为原序列，$\alpha_t$ 为白噪声序列，是一列相互之间无关，其均值为 0，方差为 $\sigma^2$ 的随机变量序列；$B$ 为后移算子，定义为 $BZ_t = Z_{t-1}$，从而 $B^m Z_t = Z_{t-m}$；$\varphi_p$ 为自回归算子，$\varphi_p(B) = 1 - \varphi_1 B - \varphi_2 B^2 - \cdots - \varphi_P B^P$，$p$ 为模型的自回归项数；$\theta_q$ 为移动平均算子，$\theta_q(B) = 1 - \theta_1 B - \theta_2 B^2 - \cdots - \theta_q B^q$，$q$ 为模型的移动平均阶数；$\nabla$为向后差分算子，它可用 $B$ 表示，因为 $\nabla Z_t = Z_t - Z_{t-1} = (1-B)Z_t$；$\theta_0$ 为常数项，定义 $\theta_0 = u(1 - \varphi_1 - \varphi_2 - \cdots - \varphi_p)$，其中 $u$ 为平均数[68]。

ARIMA 模型预测遵循以下基本步骤：首先，序列平稳性检验与处理，检验时间序列的平稳性；若序列非平稳，则通过差分变换等方法对序列进行平稳化处理，以确保其满足平稳性条件。其次，模型识别与阶数确定。利用自相关系数（ACF）和偏自相关系数（PACF）来分析序列的特性，根据它们的特征来确定 ARIMA 模型的阶数，即 $p$（自回归阶数）、$d$（差分阶数）和 $q$（移动平均阶数）。然后，参数估计与显著性检验，对确定的 ARIMA 模型进行参数估计，得到模型的具体参数值。随后进行参数的显著性检验，确保每个参数在统计上都是显著的。最后，模型诊断与残差检验。对模型进行诊断，主要检查残差序列是否为随机序列（即白噪声），以确保模型已经充分捕捉了序列中的信息，没有遗漏的重要模式。

利用通过所有检验的 ARIMA 模型，对未来的时间序列数据进行预测。根据预测结果，可以进行进一步的分析、决策或规划。这一流程系统地涵盖了从序列平稳性检验到模型预测的全过程，确保了 ARIMA 模型能够准确、有效地用于时间序列数据的预测分析。

## 3.4　其他方法

### 3.4.1　文献计量方法

文献计量学是一门集数学、统计学、文献学于一体的交叉科学，它聚焦于文献及其相关媒介，运用数学和统计学等量化手段，探究文献与文献工作体系中存在的数量关系和规律，并分析科学技术的动态发展特征。文献计量方法注重量化分析，其输出务必是“量”的结果，这使得它在情报学、文献学等领域具有重要的方法论价值。文献计量学主要研究的是文献的数量特征，这包括各种类型的出版物（特别是期刊论文和引用情况）、作者的数量（可以是个人、集体或组织）以及词汇的使用频率（特别是作为文献标识的叙词）。同时，它也涵盖所有与文献相关的各种量化指标，例如作者数量、词汇出现频率、引用次数、流通量、复制量等。文献计量学主要致力于研究文献信息的分布状况、组织结构、数量特征、相互关系、内在规律以及科学管理方法，并进一步深入探讨和丰富图书情报科学的体系结构、特性和运行规律。通过统计分析，可以得出如发表论文的数量、引用次数、h指数、合作网络、关键词共现等一系列指标。

随着信息技术的不断发展和数据量的急剧增加，文献计量方法也在不断地演进和发展。文献计量可视化是一种将文献计量学的研究结果以图形、图像等直观形式展现出来的技术。它运用计算机图形学、数据可视化等先进手段，将海量的文献数据转化为易于理解和分析的视觉元素，如图表、网络图、时间线等。1964年加菲尔德创建了首个引文分析数据库，为规范化引文分析奠定了基础。随后，普赖斯在知识图谱绘制方面做出了创新性贡献，进一步拓宽了引文分析的应用空间。科学计算可视化作为可视化技术的起源，可追溯至20世纪80年代，它开创性地将数据信息转换为视觉呈现，使用户能够直观洞察数据背后隐藏的信息。此后，信息可视化领域经历了从科学计算可视化到数据可视化、再到信息可视化及知识可视化的逐步演进，其核心优势在于能够直观把握大规模数据集。引文分析可视化作为信息可视化的一个重要分支，专注于揭示期刊、论文等文献间的引用关系及其内在规律，尤其适用于处理庞大的引文数据集。

通过这些视觉呈现，研究者可以更加直观地洞察文献的分布规律、研究热点、学术趋势以及作者、机构之间的合作关系等深层次信息。文献计量可视化的应用不仅极大地提升了文献分析的效率，还促进了学术研究的深入发展和跨学科交流，为科研管理、政策制定以及学术评价提供了有力的数据支持。在此基础上，科学知识图谱逐渐发展成为一个包含共词分析、共引分析、共现分析以及社会网络分析等多种方法的综合体系，广泛应用于科研评估、科学结构解析以及研究热点预测等多个领域[53]。当前，用于知识图谱绘制的数据库资源丰富，包括 WOS、Scopus、Science Direct、USPTO 等权威数据库，以及 Google Scholar、arXiv、CiteSeer 等网络数据库。同时，知识图谱绘制软件也从通用型向专用型发展，涌现出 Bibexcel、CiteSpace、INSPIRE、VOSViewer 等多种专业软件工具。

文献计量方法通过量化分析，揭示文献背后的规律和趋势，广泛应用于图书情报学、科学计量学、社会科学等领域，帮助科研人员快速了解某个领域的现状和发展趋势，为科研管理和决策提供依据，为科学研究和情报分析提供有力的支持。它使得科研人员能够更准确地把握学科发展的脉搏，推动科学研究的进步和发展。文献计量方法注重数据的挖掘和分析，利用人工智能、大数据等先进技术，提高分析的准确性和效率。同时，文献计量方法跨学科的应用和融合趋势明显，可为科学研究和社会发展提供更加全面的支持。

### 3.4.2 社会网络分析方法

社会网络分析（Social Network Analysis，SNA）一种研究社会网络结构和关系的方法，它使用图论和统计学等方法来分析和可视化社会网络中的节点和边，以揭示社会网络中的模式和趋势。社会网络分析是一种用于研究人际关系和信息流动的方法，可以帮助识别并评估关键参与者之间的相互作用和依赖关系，以及评估能源系统的弹性和脆弱性。社会网络分析是一个跨学科的研究方法，它在人类学、心理学、社会学以及数学和统计学等领域中逐渐发展起来。社会网络分析通过综合运用图论和数学模型，深入探究社会行动者之间的关系，以及通过这些关系流动的信息、资源等有形或无形的事物。近年来，它已成为社会科学研究中的热门方法。

德国社会学家格奥尔格·西梅尔提出的“三元闭包”概念，描述了在社会网络中，当两个个体 A 和 B、A 和 C 分别存在紧密联系时，B 和 C 之间也往往会产生强联系的倾向[61]。社会网络研究领域中，三元闭包、小世界理论（或六度分割理论）以及平衡理论等，共同揭示了社会作为一个由节点（代表社会行动者）和边（代表行动者之间的关系）构成的复杂网络的本质[62]。在这个网络中，每个人都是独一无二的节点，而他们之间的社会关系则构成了连接这些节点的边，这些关系有强有弱，也有方向性。

社会网络分析法提供了多种视角来剖析社会网络，中心性分析聚焦于个体或组织在网络中的权力和中心地位。通过测量个体的中心度，我们可以了解其在网络中的重要性[63]。同时，网络的整体集中趋势（中心势）也能反映网络中各点之间的差异程度。一个无权网络用一个 $N \times N$ 邻接矩阵 $A$ 表示，矩阵的每个元素 $a_{ij}$ 表示节点 $i$ 和节点 $j$ 之间是否存在关系，如果节点 $i$ 与节点 $j$ 之间存在关系，$a_{ij}=1$，若不存在关系，则 $a_{ij}=0$。对于无向边的情况，$a_{ij}=a_{ji}$。一个加权网络可以用一个加权的 $N \times N$ 邻接矩阵 $W$ 表示，矩阵的每个元素 $w_{ij}$ 表示每个节点 $i$ 与节点 $j$ 之间边的权值大小，对于无向边的情况，$w_{ij}=w_{ji}$。

密度（Density）密度是衡量社会网络中节点间联系紧密度的指标。它通过计算“实际存在的关系数量”与“可能存在的最大关系数量”之间的比例来确定。在无权无向网络中，若实际关系数为 $M$，则整体网络密度可以表示为：

$$Density = \frac{2M}{N(N-1)} \qquad (式 3-35)$$

中心性指标是节点本身与其他节点关系的紧密程度或关系强度，

具体包括点度数、点强度与差异性。点度数（Degree）是与该节点相连的其他点的个数，绝对点度数可以表示为：

$$d_i = \sum_j a_{ij} \quad \text{（式 3-36）}$$

点强度，亦称作节点的权重，是无权网络中度数概念的延伸。它体现了每个节点与其他节点间联系的紧密程度。这一指标不仅考量了节点的直接连接数量，还融入了这些连接的强弱或重要性，其可以表示为：

$$s_i = \sum_j w_{ij} \quad \text{（式 3-37）}$$

差异性（Disparity）描述了与节点 $i$ 相连的边上权重分布的离散程度。差异性的计算公式可表示为：

$$h_i = \frac{(N-1)\sum_j \left(\frac{w_{ij}}{s_i}\right)^2 - 1}{N-2} \quad \text{（式 3-38）}$$

对于节点 $i$ 拥有的 $d_i$ 条连接，若各连接的权重相对均衡，分布较为一致，那么节点 $i$ 的点强度 $h_i$ 与其连接数 $d_i$ 的倒数将呈现正比关系。相反，如果节点 $i$ 的众多连接中仅有一条占据主导地位，那么 $h_i$ 的值将趋近于 1。

社会网络分析方法不仅适用于社会学领域，还广泛应用于经济学、计算机科学等多个学科。社会网络分析方法是一种强大的社会科学研究工具，它通过对社会网络关系的量化分析，为理解社会现象和社会结构提供了独特的视角和深入的洞察。

### 3.4.3 贸易结构安全性测算方法

（1）进口集中度

进口集中度一般用我国石油品种进口量排名靠前的国家或地区的进口量之和占总进口量的比例来表示。$\tau_{ij}$ 为我国对 $j$ 国第 $i$ 种石油的进口量，$\sum_{j=1}^{N} \tau_{ij}$ 为当年我国第 $i$ 种石油的进口总量。则进口集中度可表示为：

$$CR_P = \sum_{j=1}^{P} \frac{\tau_{ij}}{\sum_{j=1}^{N} \tau_{ij}} \quad (式 3-39)$$

（2）香农熵指数

香农熵指数（Shannon Entropy Index），由信息论的创始人 Shannon 于 1948 年提出，用于度量系统内部的不确定性和差异性。该指标在国际上被广泛用于评估进出口贸易在地理空间上的集中或分散程度，其数值越高，意味着贸易伙伴的分布越为广泛和均衡，从而越能抵御外部风险。参考刘立涛等的研究[64]，基于香农熵指数，我们构建了一个用于评估我国第 $i$ 种石油进口贸易结构安全性的指数 $S_i$，并进行了相应的计算：

$$S_i = -\sum_{j=1}^{N} \left( \frac{\tau_{ij}}{\sum_{j=1}^{N} \tau_{ij}} \right) \times \ln \left( \frac{\tau_{ij}}{\sum_{j=1}^{N} \tau_{ij}} \right) \quad (式 3-40)$$

香农熵指数常用于衡量一个系统的不确定性或信息量，也可以理解为数据的混乱程度或无序化程度。香农熵在信息论、计算机科学、电子科学等多个领域有着广泛的应用。

（3）进口国家均质度

虽然式 3－39 能够整体评估各种石油品种的贸易网络安全性，但它无法揭示各个贸易伙伴对贸易结构安全性的具体影响。因此，本书将进一步依据第 $j$ 个国家第 $i$ 种石油的进口均质度 $f(x_{ij})$，来开展贸易结构的安全预警分析。以下是单个进口国家进口均衡程度的计算公式：

$$f(x_{ij}) = -x_{ij}\ln x_{ij}, x_{ij} = \frac{\tau_{ij}}{\sum_{j=1}^{N} \tau_{ij}} \quad (式 3-41)$$

### 3.4.4　能源增量贡献测算方法

（1）弹性系数法

弹性是一个经济学名词，由英国近代经济学家、新古典学派创始人阿尔弗雷德·马歇尔（Alfred Marshall）提出，是指一个变量相对于另一个变量发生的一定比例改变的属性，也就是一个变量对另一个变量变化的反应程度。当一个变量的改变导致另一个变量相应地改变时，我们称这个关系具有弹性。弹性系数是衡量这种关系强度和方向的指标，能反映不同变量之间的相互作用[65]。

假定有两个变量 $X$ 和 $Y$，并且它们之间存在着一定的关系，那么变量 $X$ 对 $Y$ 变量变化的反应程度，就可以通过以下公式计算：

$\Delta X$ 是变量 $X$ 的增长量，$\Delta Y$ 是变量 $Y$ 的增长量，弹性系数 $e$ 表示为：

$$e = \frac{\Delta X/X}{\Delta Y/Y} \quad \text{（式 3-42）}$$

能源消费弹性系数是一个指标，用于表示能源消费增长速度与国民经济增长速度之间的比率关系，它的计算方法为：

$$e = \frac{\Delta E/E}{\Delta GDP/GDP} \quad \text{（式 3-43）}$$

$\Delta E/E$ 表示能源消费量年平均增长速度；$\Delta GDP/GDP$ 表示当期的不变价 GDP 减去上年同期同基期不变价 GDP 得到 GDP 增量，除以上年同期同基期不变价 GDP，反映国民经济年平均增长速度；$e$ 表示能源消费弹性系数。

（2）增量贡献法

在分析能源供应结构的演变趋势时，涉及煤炭、石油、天然气等多种分能源的消费和供应量。由于能源弹性系数对于总量分析相对可靠，但应用到分能源分析预测时，规律不明显，误差较大[66],[67]。各分能源发展之间相互影响，非化石能源供应量变化较为显著，因此本书采用分能源增量贡献值（Contribution Value of Energy Increment, CVSI）进行分能源预测分析。

CVSI 代表各分能源需求增量对能源消费弹性系数的贡献值，它是通过各分能源需求增量在当年能源消费总量增量中的占比与能源消费弹性系数的乘积来计算[66],[67]，如式 3-44 所示：

$$C_{it} = \frac{\Delta E_{it}}{\Delta E_t} e_t \text{，则有} \sum C_{it} = e_t \quad \text{（式 3-44）}$$

其中，$C_{it}$ 为 $i$ 分能源第 $t$ 年的增量贡献值；$\Delta E_{it}$ 为 $i$ 分能源第 $t$ 年的消费增量，$\Delta E_t$ 为能源消费总量第 $t$ 年的增量；$e_n$ 为第 $n$ 年能源消费弹性系数。根据国家统计局的数据，我们整理出了能源消费总量的增量以及各分能源的消费增量，而能源消费弹性系数则直接采用国家统计局公布的数据。

（3）加权移动平均法

为更准确地预测分能源的增量贡献，对观察值分别给予不同的权数，按不同权数求得移动平均值，并以最后的移动平均值为基础，确定预测值的方法，如式3-45所示：

$$CW_{it} = \frac{\beta_{i(t-1)} CW_{i(t-1)} + \beta_{i(t-2)} CW_{i(t-2)} + \cdots + \beta_{i(t-n)} CW_{i(t-n)}}{\beta_{i(t-1)} + \beta_{i(t-2)} + \cdots + \beta_{i(t-n)}},$$

其中 $n \in [1, t-1]$　（式3-45）

$CW_{it}$ 为分能源 $i$ 第 $t$ 年增量贡献值的权重；$CW_{i(t-1)}$ 为分能源 $i$ 第 $t-1$ 年增量贡献值的权重，对该权重给予的权数为 $\beta_{i(t-1)}$，以此类推。通过对 $t$ 年之前的分能源增量贡献值的权重赋予不同的权数，进行加权平均计算。

## 3.5　方法评估标准

采用平均绝对误差（Mean Absolute Error，MAE）、均方根误差（Root Mean Squared Error，RMSE）、平均绝对百分比误差（Mean Absolute Percentage Error，MAPE）三项误差测算方法对预测方法的预测精度进行评价，验证不同预测方法的可行性和有效性。设 $y_i$ 表示第 $i$ 年需求量预测值，其中 $i \in (1, 2, \cdots, n)$；$\hat{y}_j$ 为实际消费量，$n$ 为样本总数，*MAE* 用来描述观测值与拟合值之间的差距，反映样本各个观测值的离散程度，*MAE* 可以表示如下公式：

$$MAE = \frac{1}{n} \sum_{i=1}^{n} |y_i - \hat{y}_i|$$　（式3-46）

RMSE是准确度和可靠度度量指标，其表达式为：

$$RMSE = \sqrt{\frac{\sum_{i=1}^{n} (y_i - \hat{y}_i)^2}{n}}$$　（式3-47）

MAPE 平均绝对百分比误差（Mean Absolute Percentage Error），可以准确反映实际预测误差的大小，避免误差相互抵消的问题，其表达式为：

$$MAPE = \frac{1}{n}\sum_{i=1}^{n}\left|\frac{y_i - \hat{y}_i}{y_i}\right| \times 100\% \qquad \text{（式 3 - 48）}$$

为了评估并验证多种预测方法的准确性和可行性，通过计算平均绝对误差，我们能够直观地了解到预测值与真实值之间绝对差距的平均水平。利用误差均方根，我们进一步考虑了误差的平方和的平均值，从而提供了对预测精度更为严格的评估。通过计算平均绝对百分误差，将预测误差与真实值进行了相对化的比较，这有助于我们更清晰地了解预测值相对于真实值的偏离程度。综合这三种误差测算方法的结果，全面、客观地评价不同预测方法的预测精度，进而为选择最优预测方法提供有力依据。

## 3.6 本章小结

本章聚焦于能源安全领域的大数据分析方法。通过介绍了机器学习方法，包括 BP 神经网络、级联前向神经网络、前馈反向传播网络、Elman 递归神经网络、循环神经网络、线性回归、岭回归等；其次，阐述了词频 - 逆文档频率（TF - IDF）、潜在狄利克雷分配主题模型（LDA）等文本挖掘方法，然后，介绍统计学方法，包括灰色关联分析和 ARIMA 时间序列模型，为能源数据的建模与预测提供了强有力的工具。此外，本章还介绍了文献计量、社会网络分析、贸易结构安全性测算以及能源强度碳排放测算等多领域的跨学科方法，为后续开展实际问题的大数据分析研究提供了技术方法支持。

# 第4章 能源安全研究热点及趋势分析

能源安全关系到国家经济发展和社会稳定，是世界各国共同面临的严肃而紧迫的问题之一。本书以 WOS 数据库中 2013—2023 年能源安全 35054 篇文献为数据集，运用 CiteSpace 知识图谱方法，系统分析世界能源安全研究现状、研究热点及演变趋势。

## 4.1 能源安全研究热点及趋势问题的提出

能源是现代文明和经济发展的重要物质基础，其生产、分配和利用已成为世界政治经济结构中不可缺少的组成部分[1]。随着全球能源危机和气候变化形势日益严峻，全球能源形势日趋复杂，能源安全受到了国内和国际社会普遍关注。能源安全是关系国家经济社会发展的全局性、战略性问题，关系国家社会稳定和经济发展，已成为全球发展领域最紧迫的挑战之一[68]。

目前，油气资源仍然主导全球能源市场，油气资源在全球能源消费中仍占据主导地位，特别是新兴工业化国家对其有较高的依赖程度。近年来，在气候变化推动低碳经济发展的大背景下，新能源正以惊人的速度崛起，成为既技术上可行又经济上合理的选项，全球能源供应体系也因此不断向可再生能源的方向转变。国际可再生能源署（IRENA）在2019年的报告《新世界：全球能源转型与地缘政治》中指出，就像过去两个世纪石油、天然气等化石能源塑造了全球的地缘政治格局一样，全球能源的转型将彻底改变全球的地缘结构和国际关系[69]。这些新的形势对能源安全问题的研究焦点、研究趋势和研究方法等影响深远。

学术界对能源安全的研究成果数量逐年增加，并随着能源安全研究的深入，研究内容和主题不断变化。虽然在不同时期，已有学者对能源安全研究进行文献综述。包括对能源安全的基本概念的梳理[70],[71]；Proskuryakova[72]重新审视能源安全理论；Ang等[73]对能源安全：定义、维度和指标进行系统分析。能源安全衡量的研究主要从评估指标和评估方法两个方面展开综述，如Sovacool等[74]分析概念化和衡量能源安全的方法，梳理出320个简单指标和52个复杂指标，用来分析、衡量、跟踪和比较国家在能源安全方面的表现。Ang等人[73]也综述了能源安全评估的维度和指标；Gasser[75]分析63个量化各国能源安全绩效的指标。Mansson等[76]概述了能源安全评估的常用方法；Radovanovic等[77]综述能源安全测量可持续的方法；Merlo等[78]对能源安全机制进行综述。近年来学者们对能源交易安全[79],[80]；能源大数据分析与安全[81]；能源管理相关的安全和隐私问题[82]也展开了综述研究。

然而，面对庞大的文献数量和复杂度，传统通过阅读和归纳进行文献分析的方法，难以全面把握不同研究领域之间的联系和发展趋势。现代科学计量学和信息计量学技术的应用可以对海量文献进行多源、历时性动态分析，知识图谱（Knowledge Graph）就是其中一种重要的文献分析方法[83]。基于知识图谱可视化的文献计量方法，可以对海量的研究文献进行精准分析，建立起文献之间的关联网络，更直观和清晰地呈现研究热点和演进。Zhou等[84]运用文献计量的方法对2000—2017年能源安全进行回顾性分析，其从Wos数据库下载2845篇文章分析能源安全研究中作者、机构、热点话题、突发检测和新兴趋势。但是 2018 年至今被 Wos 收录的能源安全相关文献已超过 24000 篇，能源安全研究方向和焦点已有别于五年前，新趋势凸显。Esfahani 等[85] 使用 240 篇与能源安全相关的科学文章，运用 VOSviewer 和 Gephi 软件，进行概念图、热图、关键词之间的共现图等的分析，为后续研究提供了参考，但该研究缺乏对研究热点的演进、高产出作者及合作网络分析、关键词时区和空间图谱等的分析研究。

本书拟运用 CiteSpace 软件对 2013—2023 年全球能源安全研究文献进行分析、挖掘和图形呈现，来揭示其研究内容演变特征，并预测研究趋势，为后续研究者提供启发。

## 4.2　文献数据获取与预处理

知识图谱法（Mapping Knowledge Domains，MKD）是一种数据和信息的可视化技术，通过计算机将抽象数据进行交互式的可视化表达，帮助人们更直观地理解这些数据。CiteSpace 是一款基于科学计量学和数据可视化开发的软件，能够以多维度、动态化的方式对引文进行可视化分析。其核心功能是通过文献共引分析，挖掘引文网络中的知识聚类和分布。该方法主要用于探索科学生产者与其发表文献之间的关系，揭示在相同研究主题下文献之间的潜在联系，例如研究者之间的合作、机构网络以及研究热点等。

CiteSpace 软件由美国德雷赛尔大学的陈超美教授开发，具有简明直观的特点，是近年来应用最为广泛的文献分析工具之一。该软件可以帮助研究人员从不同数据库中提取和整理文献数据，包括作者、机构、国籍、关键词、参考文献、被引用作者、被引用期刊以及时间段等信息[86]。近年来，CiteSpace 应用的技术日趋成熟，应用领域逐年扩大，涉及自然科学和社会科学大类等各学科研究[87],[88]。

本书借助 CiteSpace 6.1.R6 开展研究，从“能源安全”文献的时间分布、国家分布、机构、作者、高频关键词、热点领域等内容进行客观的计量分析。通过数据可视化是将数据和信息编码为图形中的可视化特征，运用贡献网络和时区视图进行深入刻画，以期挖掘出能源安全研究热点、研究演进路径和发展趋势，以期把握该领域的研究动态。在知识图谱的分析中，在数据检索阶段面临“查全率”与“查准率”的权衡时，确保数据的全面性比精确性更为关键，应首要确保“查全率”[89]。

本书所选取的数据来源于 Web of Science（以下简称 WOS）数据库。该库是当今国际上覆盖率和权威性最高的综合性核心期刊引文索引数据库。采用“能源安全”为检索主题，时间跨度为 2013 年 1 月 1 日至 2023 年 6 月 30 日，初步获取检索文献 39946 篇。剔除书籍章节、社论材料、书籍评论、书籍、收回的出版物、新闻、会议摘要、信函、数据论文、修订、再版、讨论和简报等无价值文献，最终得到 36583 条有效文献记录，每条文献记录都包括篇名、作者、所属机构、期刊名称、摘要、关键词等关键信息。

## 4.3 能源安全研究现状分析

### 4.3.1 文献基本统计特征

（1）发表数量分析

总体而言，全球能源安全的研究经历了从“快速增长”到“放量增加”的过程。如图 4 – 1 所示，2003 年 WOS 核心合集数据库中具有“能源安全”主题词的文献为 98 篇。2003—2009 年，国外期刊发表的能源安全相关文献在 1000 篇以下，但从 2003 到 2004 年文献数量增长了 154.08%，达到 249 篇。之后的几年，以“能源安全”为主题的研究一直保持 20% 以上的增长率，2009 年年发文数量超过 1000 篇。2009—2019 年，能源安全的相关研究保持 10% 左右的增长速度，从 2009 年发表 1167 篇，增长到 2019 年 4023 篇。2020 年全年的发文量为 4081 篇，相比 2019 年增长 1.44%，为历年最低增长率。随着发文量逐年增长，2022 年发文量为 5127 篇，达到历史最高点。2023 年仅统计上半年发文量为 2313 篇文献。总体而言，学术界对于能源安全的研究处于稳定增长阶段。

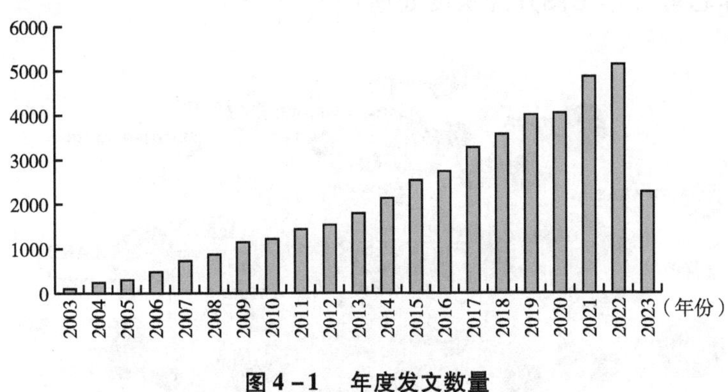


**图 4－1　年度发文数量**

（2）文献发表国别分析

从 2013—2023 年的论文发文量来看，中国作者的发文量最多为 8799 篇，占所有国家发文量的 17.26%；排名第二的是美国作者的发文量 6171 篇，占比 12.1%；排名第三的为印度，发文量 3980 篇，占比 7.81%。排名前三的中国、美国和印度总共占比 37.71%。排名第四至第十位的国家分别为：英格兰、澳大利亚、德国、意大利、加拿大、伊朗和韩国（见表 4－1）。可以看出中国在能源安全方面的研究数量优势明显，占据重要位置。

**表 4－1　发文国家排名前十**

| 国别 | 发文数量 | 占比 | 国别 | 发文数量 | 占比 |
|---|---|---|---|---|---|
| Peoples R China | 8799 | 17.26% | Germany | 1563 | 3.07% |
| Usa | 6171 | 12.10% | Italy | 1308 | 2.57% |
| India | 3980 | 7.81% | Canada | 1286 | 2.52% |
| England | 2448 | 4.80% | Iran | 1117 | 2.19% |
| Australia | 1563 | 3.07% | South Korea | 1025 | 2.01% |

基于 CiteSpace 软件生成的可视化图揭示了各国在能源安全领域的研究活跃度。图 4－2 中，节点代表各个国家，其大小直观地反映

了各国的发文量。颜色则代表发文年份，颜色越红表示年份越近，提供了时间维度的参考，直观而全面地显示中国在能源安全领域研究的显著优势和全球影响力，同时也揭示了其他国家在该领域的研究动态和合作趋势（本书图片经灰度处理）。

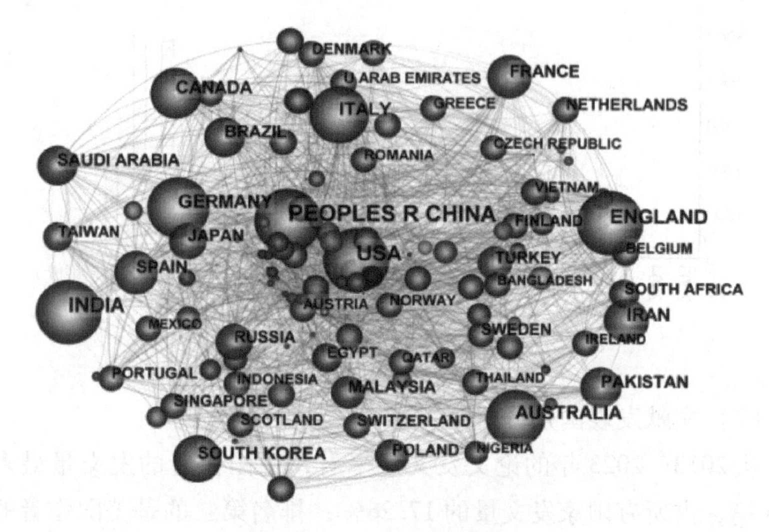


图 4－2　文献发表国别

通过图中节点间的连线，我们还可以观察到不同国家之间在研究上的关联和合作情况。这些连线不仅展示了全球研究网络的复杂性，也反映了各国在能源安全领域寻求合作与交流的积极态势。美国、印度、英格兰、澳大利亚、德国、意大利、加拿大、伊朗和韩国等国家的节点也相对较大，说明这些国家也在能源安全领域有着较为突出的研究成果。

（3）高产研究机构统计

运用 CiteSpace 软件分析能源安全研究的高产机构，从研究机构知识图谱来看，共有 691 个节点，6101 条连线。网络密度是在一个给定的网络中的关系（边）的数目在网络中的节点之间的可能的关系的总数的比率，研究机构网络密度为 0.0256，表明该网络较为稀疏。高产研究机构排名前十如表 4－2 所示。

表4-2　高产研究机构排名前十

| 机构 | 发文数量 | 节点 | 国别 | 排名 |
| --- | --- | --- | --- | --- |
| Chinese Acad Sci | 673 | 0.05 | China | 1 |
| Tsinghua Univ | 391 | 0.01 | China | 2 |
| North China Elect Power Univ | 306 | 0.01 | China | 3 |
| Islamic Azad Univ | 271 | 0.01 | Iran | 4 |
| Univ Chinese Acad Sci | 260 | 0.01 | China | 5 |
| Zhejiang Univ | 259 | 0.04 | China | 6 |
| Xi An Jiao Tong Univ | 223 | 0.02 | China | 7 |
| Southeast Univ | 219 | 0.01 | China | 8 |
| King Saud Univ | 186 | 0.04 | Saudi Arabia | 9 |
| Univ Elect Sci & Technol China | 184 | 0.03 | China | 10 |

WOS数据库发文机构呈现出以Chinese Academy of Sciences（673篇）、Tsinghua University（391篇）、North China Elect Power Univ（306篇）、Islamic Azad Univ（271篇）、Zhejiang Univ（259篇）、King Saud Univ（186篇）等为研究中心的明显研究群落，并且在群落之间合作密切，如表4-2所示。从发文量来看，Chinese Academy of Sciences为所有机构之首，高出第二名282篇。在排名前十的机构中属于中国的研究机构多达8个，伊朗和沙特阿拉伯国家各有一个。从网络中心度来看Chinese Academy of Sciences和King Saud Univ在网络中节点的重要程度较高。从机构之间看，研究成果集中在知名院校和研究机构，其地域接近的研究机构和高校的合作更为密切。

### 4.3.2　高被引论文统计特征

（1）高被引论文作者与期刊分析

通过高被引作者的分析来看，去除排名靠前的“匿名”“International Energy Agency”作者，Wos数据库中被引最多前十位作者如表4-3所示。被引用论文高度集中，前十名作者的被引次数都相当高；最低的被引次数也达到了653次，显示出这些作者在各自研究领域内具有显著的影响力和认可度。

表 4-3　　高被引作者排名前十

| 作者 | 被引次数 | 排名 | 作者 | 被引次数 | 排名 |
|---|---|---|---|---|---|
| Wang Y | 1074 | 1 | Wang J | 755 | 6 |
| Zhang Y | 1059 | 2 | Wang Q | 735 | 7 |
| Sovacool BK | 994 | 3 | Li Y | 733 | 8 |
| Liu Y | 992 | 4 | Li X | 706 | 9 |
| Fao | 967 | 5 | Liu J | 653 | 10 |

顶尖研究学者表现突出，高被引排名前三位的作者分别是 Wang Y、Zhang Y 和 Sovacool BK，论文被引用次数分别为 1074 次、1059 次和 944 次，被引次数均超过了 900 次，且与前四名作者的被引次数相差不大，形成了一个较为紧密的领先研究群体。从被引次数来看，前十名作者的被引次数呈现出一个较为平滑的下降趋势，没有出现明显的断层或跳跃。

从被引用期刊来看，被引用排名前三的期刊分别是 Renew Sust Energ Rev、Energ Policy、Appl Energ，被引用次数分别为 7361 次、6685 次和 6184 次，“Renew Sust Energ Rev” 以 7361 次的被引次数位居榜首，显示出其在可再生能源和可持续发展研究领域的极高影响力。高被引排名前十的期刊如表 4-3 所示。

表 4-4　　高被引期刊排名前十

| 期刊 | 被引次数 | 排名 | 期刊 | 被引次数 | 排名 |
|---|---|---|---|---|---|
| Renew Sust Energ Rev | 7361 | 1 | Ieee T Power Syst | 4209 | 6 |
| Energ Policy | 6685 | 2 | J Clean Prod | 4160 | 7 |
| Appl Energ | 6184 | 3 | Lect Notes Comput Sc | 3875 | 8 |
| Energy | 6068 | 4 | Renew Energ | 3850 | 9 |
| IEEE Access | 5552 | 5 | Ieee T Smart Grid | 3692 | 10 |

与被引作者的情况相似，高被引期刊的被引次数也呈现出高度集中的特点。排名前三的期刊被引次数均超过了 6000 次，显示出这些期刊在学术界和工业界的广泛影响力和认可度。高被引期刊主要集中在能源、可持续发展、政策分析以及电力系统和智能电网等领域，反映了当前这些领域的研究热点和学术关注度。从被引期刊的分布来

看，虽然前十名期刊的被引次数均较高，但排名前三的期刊与被引次数较低的期刊之间，被引次数的差异较为显著。

（2）高被引作者合作网络

高被引作者合作网络是指在学术界中，一组与某个领域或学科相关的高被引作者之间形成的合作关系网络。在这个网络中，高被引作者是指那些发表的论文被其他学者广泛引用的作者，通常是因为他们的研究成果在该领域具有重要的影响力和价值。通过整合这些合作关系，可以得到一个以高被引作者为节点的网络，能源安全研究领域的高被引作者合作网络，如图 4－3 所示。

图 4－3　高被引作者合作网络

能源安全研究领域高被引作者合作网络形成五个聚类，每个聚类可以看作是围绕特定主题或研究方向的高被引作者合作团体。聚类间作者之间的连线表示引用关系，各个聚类内部具有较强的合作关系，但聚类之间的联系较少，呈现出相对独立的状态。在这些聚类中，有一些节点非常显著，如 Zhang R（2013）、Liu L（2014）、Ng DWK（2014）、Lu X（2015）、Andoni M（2019）、Aitzhan NZ（2018）、Wang WY（2013）、Ang BW（2015），表明这些作者在各自领域内具有较高的影响力和研究活跃度。其中 Ang BW（2015）所在的聚类表现出明显的特点，它以该作者为唯一核心，且其主要研究成果集中在 2015 年以前。

聚类内部作者间的连线表示引用关系，说明高被引作者之间通过论文引用形成了合作关系。不同聚类之间的连线较少，说明这些聚类之间的学术联系较弱，研究方向可能相对独立。几个重要作者的发文年份（如 2013 年、2014 年、2015 年等）显示，网络中具有较大节点的高被引作者的研究成果集中于特定时间段。这反映了这些年份可能是该领域的重要研究阶段。

总体而言，能源安全领域的高被引作者合作网络呈现分散化和主题独立的特点，各聚类内部的合作紧密，但跨聚类的联系较少。以 Ang BW（2015）为核心的聚类较为独特，缺乏其他大的核心节点且时间集中。这种网络结构可能反映了领域内研究热点的多样性及团队协作模式的特定特征。

（3）施引和被引期刊的学科聚类

本书采用 CiteSpace 6. 1. R6 双图叠加对样本书献所属期刊进行聚类和叠加分析，以显示各学科论文的分布、重心漂移等信息。通过 Z - Score 对具有显著性的类别进行合并后，得到图 4 - 4。

**图 4 - 4　施引和被引期刊的学科聚类**

能源安全研究领域中施引期刊和被引期刊的学科聚类及其交叉特征。能源安全研究的施引期刊聚类结果来看，该领域的学科非常广泛，主要为 Mathematics、System、Mathematical、Ecology、Earth、Marine、Physics、Materials、Chemistry 等，表明能源安全研究涉及材料科学、物理化学等领域，以及自然资源管理、环境科学、系统分析、数学建模等方法；施引期刊覆盖多个学科领域，表明能源安全研究从多个学科借鉴理论和方法。

从被引期刊的学科聚类来看，被引期刊反映了能源安全研究影响力最显著的领域，其学科分布包括 Systems、Computing、Computer、Environmental、Toxicology、Nutrition、Chemistry、Materials、Physics、Health、Nursing、Medicine 等，表明能源安全研究与计算机科学、系统设计和优化有显著联系，研究关注能源的环境影响、生态、健康以及相关的可持续性议题。与施引期刊中提到的领域一致，显示能源材料研究的重要性。总体而言，能源安全研究具有明显的学科交叉融合和跨学科特征。

通过 CiteSpace 双图叠加分析和 Z - Score 方法，施引期刊与被引期刊的学科分布和研究重心具有交叉融合的特点。施引和被引期刊的学科有一定的重叠，如 Chemistry、Materials、Physics，但两者也存在差异，施引期刊更加倾向于数学、生态等基础研究领域，而被引期刊更多集中在系统、计算、环境等应用研究领域。通过对学科分布的分析，可以观察到能源安全研究从基础理论逐渐向实际应用领域发展的趋势，例如从数学建模向环境与健康影响研究转移。

总体而言，能源安全研究呈现出跨学科特性和学科交叉融合趋势。施引期刊体现了领域内从多个基础学科汲取理论支持的特点，如数学、生态学和物理化学。被引期刊则表明领域研究成果在应用学科（如系统科学、环境科学和健康研究）中的深远影响。通过施引与被引学科聚类的分析，可以看出能源安全研究不仅涉及理论创新，还强调解决实际问题，其研究重心正在向多学科协作和综合应用方向发展。该分析为学者了解能源安全领域的跨学科研究模式和未来方向提供了重要启示。

# 4.4 能源安全研究热点分析

## 4.4.1 基于知识图谱的热点研究领域分析

通过 CiteSpace 软件进行 WOS 数据库能源安全相关文献的热点研究领域分析。从研究热点知识图谱来看，共有 222 个节点，1639 条连线，形成了一个紧密联系的网络，表明各研究领域之间存在较强的学术关联性。网络密度为 0.668，表明该网络较为紧密，热点领域之间的交互较多，学科间协作和引用频繁，如图 4－5 所示。

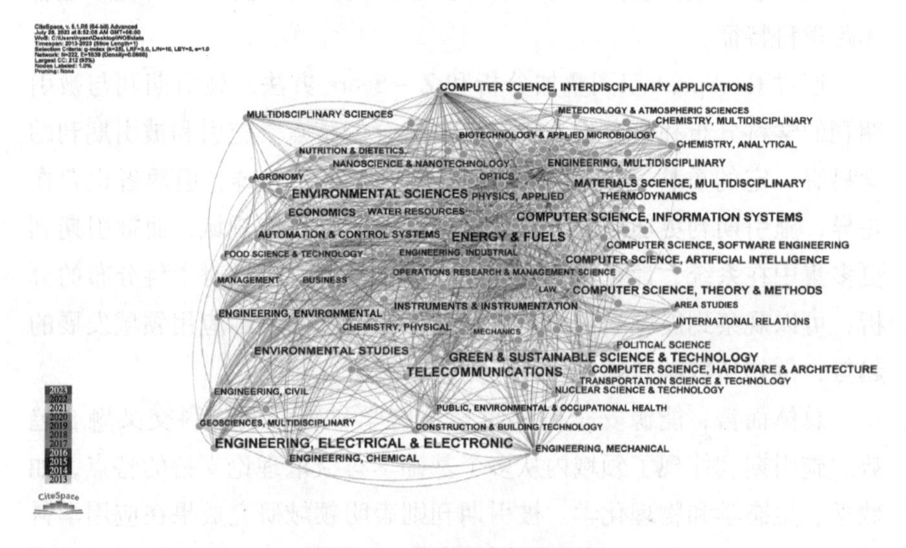


图 4－5　热点研究领域网络

从研究领域来看，文献主要集中在 Engineering、Electrical & Electronic、Energy & Fuels、Telecommunications、Computer Science、Information Systems、Environmental Sciences、Green & Sustainable Science & Technology 等领域。Energy & Fuels（能源与燃料）是能源安全研究的核心领域，此外安全研究与环境保护、生态系统；能源技术、智能电网、储能设备的技术研究也是热点之一。在信息技术和大数据时代，

能源信息技术类文献成为新的研究热点领域。可以从信息技术与信息系统的视角出发，将技术手段与能源的显示需求融合进行探究，从而为解决难题、制定策略开辟新的路径和方式。

图谱中的节点颜色代表文献的时间分布（红色为最新，蓝色为较早）。最新研究热点（红色节点）集中在信息技术、人工智能、绿色与可持续科学技术等领域，表明这些方向正在成为研究的前沿。而较早的热点（蓝色节点）则集中在传统能源、机械和化学工程领域。随着大数据和人工智能的快速发展，研究正朝着能源信息技术方向深化。信息技术的引入为能源安全研究提供了新的方法和技术手段，如通过优化能源系统设计，提升可再生能源的利用效率。能源安全研究覆盖多个学科，体现了从传统能源技术向信息化、智能化、生态化发展的趋势。能源安全研究热点领域的学科分布及其发展趋势，表明该领域正逐步向信息化、绿色化和跨学科融合方向迈进。

### 4.4.2　基于关键词共现的研究热点分析

运用 CiteSpace 软件提取文献中能够表达文章核心内容的关键词或主题词，并按频次进行高低分布，可以得到全球能源安全领域研究关键词图谱，如表4-5、图4-6所示。

图谱中节点的大小表示关键词出现的频率，节点间的连线代表关键词之间的关联程度，关键词之间的共现关系较为复杂，研究主题具有较强的关联性和多样性。分析结果表明，WOS 收录的关于能源安全研究的热点关键词包括：Security、System、Energy、Renewable Energy、Energy Security Model、Wireless Sensor Network、Impact Optimization Management 等。表4-5中关键词的中心度（Betweenness Centrality）普遍较低，说明虽然这些关键词频次较高，但它们在研究网络中的桥梁作用并不显著。这可能是因为研究集中于核心议题，关键词的分布较为集中，没有呈现较强的网络交互特性。

从图4-6来看，每个节点代表一个关键词，节点的大小与关键词的出现频次成正比。频次越高的关键词，节点越大。节点和连线的颜色反映了时间信息，颜色从冷色（蓝色，代表较早的时间）到暖色

（红色，代表最近的时间）渐变，表示关键词在研究中的演化趋势。节点之间的连线表示关键词之间的共现关系，连线越多，说明关键词之间的关联度越强。

表 4-5　　　　能源安全研究中的高频词及中心度

| 关键词 | 频次 | 中心度 | 排名 | 关键词 | 频次 | 中心度 | 排名 |
|---|---|---|---|---|---|---|---|
| Security | 2986 | 0.01 | 1 | Internet | 1205 | 0.01 | 11 |
| System | 2662 | 0 | 2 | Climate Change | 1121 | 0.01 | 12 |
| Energy | 2193 | 0 | 3 | Internet Of Thing | 1081 | 0 | 13 |
| Renewable Energy | 1834 | 0.01 | 4 | Smart Grid | 1077 | 0 | 14 |
| Energy Security | 1687 | 0.01 | 5 | Food Security | 1012 | 0 | 15 |
| Model | 1497 | 0 | 6 | Energy Efficiency | 976 | 0.01 | 16 |
| Wireless Sensor Network | 1365 | 0.01 | 7 | Network | 961 | 0.01 | 17 |
| Impact | 1360 | 0.01 | 8 | Design | 897 | 0.01 | 18 |
| Optimization | 1328 | 0.01 | 9 | Performance | 870 | 0.01 | 19 |
| Management | 2986 | 0.01 | 10 | Challenge | 867 | 0 | 20 |

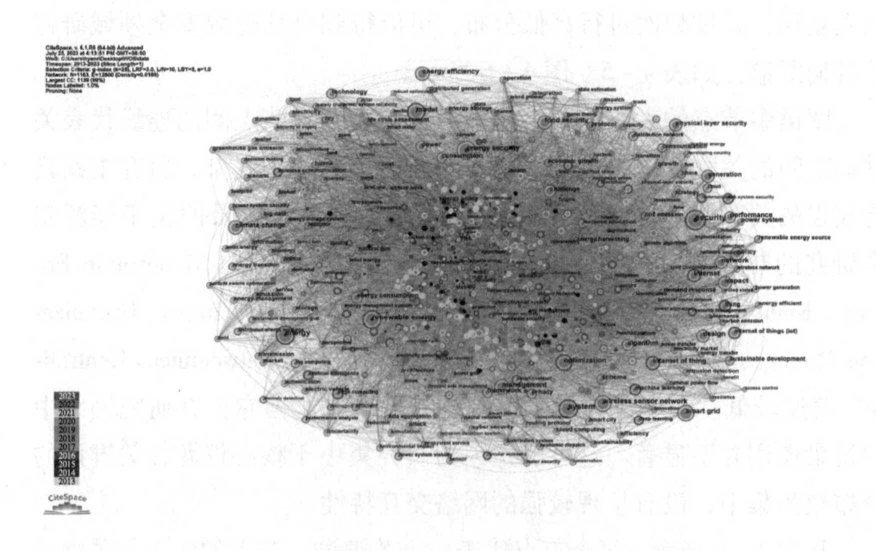


图 4-6　关键词共现分析

国外文献关键词之间的共现现象比较明显，相互之间连线比较紧密，说明 WOS 数据库中能源安全研究仍相对集中。图 4 – 6 中可以看到一些关键节点，表明这些是研究中的高频热点。WOS 数据库收录的文献重视从系统的角度研究能源安全，强调能源安全评估对能源稳定供应的重要作用，关注 Renewable Energy 能源安全评估的优化和管理等问题，Climate Change、Energy Efficiency、Network 和 Challenge 等问题也已经引起了学者的关注。“Renewable Energy”（可再生能源）位于网络的中心区域，表明可再生能源是能源安全领域的重要研究方向。“Energy Security”（能源安全）也处于核心位置，说明这一主题是研究的主线。“Optimization”（优化）和“Wireless Sensor Network”（无线传感网络）靠近中心区域，显示智能化和优化技术在能源安全中的应用备受关注。“Climate Change”（气候变化）偏向左下角，但与许多其他关键词有密切的关联，显示能源安全与气候变化问题的交叉研究。

从时间趋势来看，暖色节点集中在中心区域，例如“Renewable Energy”（可再生能源）、“Energy Efficiency”（能源效率）和“Internet of Things”（物联网），说明这些研究方向在近年来受到更多关注。冷色节点分布在外围，例如“Greenhouse Gas Emissions”（温室气体排放）和“Sustainability”（可持续性），显示这些研究热点早期就已经存在，但可能逐渐被新的主题所取代或整合。

结合高频词的排名和中心度，可以推测未来可能的研究方向：智能化与数字化技术，Wireless Sensor Network、Internet of Things 等技术的频繁出现，表明智能技术在能源管理中的应用是研究的重点方向。优化与模型构建，Optimization 和 Model 的高频出现，显示能源系统的优化和建模仍是研究的核心任务。气候变化与能源政策，Climate Change 和 Food Security 的关联性，体现了能源安全研究的跨领域特征。能源安全领域的研究热点和演化趋势，可再生能源、智能技术和优化方法是近年来的重点方向，未来，随着能源转型和技术进步，研究将更加侧重智能化解决方案和跨领域融合，跨领域的交叉研究为未来研究提供了合作方向。

# 4.5 能源安全演变趋势分析

## 4.5.1 基于关键词共现聚类的演变趋势分析

利用 CiteSpace 软件对关键词时间线分析，可以进一步了解关键词聚类的发展演进过程，通过关键词之间的连线可以了解不同关键词聚类的支持关联强度。如图 4 -7 所示，清晰地展现了不同研究主题的分布情况及其随时间的演进趋势。每条横线代表一个研究主题的聚类，左端表示该聚类首次出现的时间。圆圈代表聚类下的一个关键词，圆圈位置表示关键词首次出现的时间，圆圈越大表明关键词的重要性或频次越高。圆环显示关键词的研究延续性，横跨年度越长的圆环，说明该关键词长期处于研究热点。连线和节点的颜色从蓝色（早期）到红色（近期），反映了关键词的研究时间分布和趋势。图 4 -7 明晰能源安全研究关键词共现聚类时间线趋势随时间变动情况。图中横向展示的是研究主题的演变过程，时间线从左至右延伸。每个横线

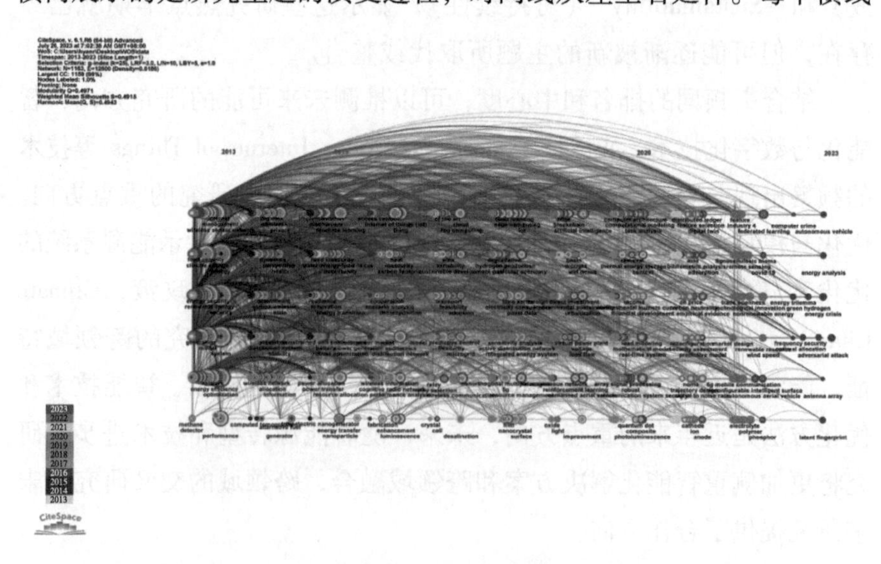

图 4 -7　2013—2023 年能源安全研究关键词共现聚类时间线趋势

的左起点代表一个聚类首次出现的时间点，而横线上分布的圆圈则标志着在该聚类研究范畴内各个关键词的涌现。圆圈的具体位置指示了对应关键词在该聚类中首次出现的年份，而圆圈的跨度（即圆环）则反映了该关键词持续被关注的时间范围。

2013—2023 年，能源安全的研究主要有六大聚类，包括能源治理、能源与气候变化，可再生能源安全、能源模型、能源效率和能源技术。能源安全各聚类具有良好相互支撑性，每个研究领域均能保持持续深入研究。

能源治理（Energy Governance）聚类集中在研究能源管理的政策和措施，其关键词如 Policy、Governance 等具有较长的时间跨度。从早期到近期，随着能源政策需求的不断变化，该领域持续受到关注。能源与气候变化（Energy and Climate Change）相关关键词包括 Climate Change、Greenhouse Gas Emission 等，且连线密集，表明该主题在研究中具有高度交叉性。此外，关键词延续性较强，说明该领域的研究具有长久的重要性。可再生能源安全（Renewable Energy Security），关键词包括 Solar Energy、Wind Energy 等在近年来集中涌现（橙色和红色节点），表明可再生能源安全已经成为近期研究热点。该聚类主要与技术革新和能源转型密切相关。能源模型（Energy Models），关键词包括 Optimization、Simulation 等，体现了在能源系统分析和预测中的建模工具被广泛应用。近年来，模型精细化和智能化趋势越发明显。能源效率（Energy Efficiency），聚类中关键词包括 Efficiency、Energy Saving 等，强调研究能源利用效率及其提升手段。从时间线可以看出，该主题从早期研究延续到当前，并呈现稳步增长趋势。能源技术（Energy Technology），涉及关键词如 Smart Grid、Wireless Sensor Network、Internet of Things 等，这些技术与能源安全结合紧密。红色节点表明近期智能化能源技术在研究中愈发活跃。

从时间演化来看，能源安全相关的早期研究（2013—2016 年）聚焦于气候变化和政策性主题，关键词如 Policy、Climate Change 等研究主题频繁出现。技术层面的研究较少，研究热点相对集中。中期研究（2017—2020 年）聚焦于可再生能源和能源效率相关研究迅速发展，关键词包括 Optimization、Energy Storage 等。近期研究（2021—2023 年）主要聚焦于智能化技术，以及技术与应用结合，如 Internet of Things、Wireless Sensor Network、Smart Grid、Energy Analysis 等成为主要热点。

这张时间线趋势图充分揭示了能源安全领域研究的主题分布和时间演化特征。可再生能源、安全技术和政策措施等领域研究热点显著，智能化、模型优化与跨学科结合将是未来研究的重点。

### 4.5.2 基于关键词突显图谱的前沿研究趋势分析

时间趋势分析中，关键词突显是一种将特定关键词在时间序列中的重要性和变化进行可视化的方法。这种方法能可视化能源安全学术文献数据中的关键词演化趋势。通过关键词突显可以帮助研究人员追踪某个关键词在一段时间内的变化，从而识别出该关键词在特定时间段内的重要性或研究热度。一些持续被关注的研究问题或从某一时间突然被关注的领域可视为未来研究的方向，即在某一时间段如果某领域的研究突然增加，可视为这一阶段的研究热点和今后值得关注的方向。这有助于发现学科的发展趋势和关键时刻，并为进一步研究提供有价值的线索。

对所选文献的关键词突显进行刻画分析，被引用次数最多的前 25 个关键词如表 4－6 所示。可以发现 WOS 数据库中能源安全研究的突显关键词是 Energy Security、Smart Grid、Wind Power、Biofuel、Key Management、Stochastic Security、Energy Policy、Ethanol 等，其中 Shale Gas 突现时间最长，研究活跃时间为 6 年，说明学者对这个领域关注时间最长，突显强度较高。突显强度最高的前十七个突显词均出现在 2013 年，于 2018 年以前结束。2021 年出现的突显词包括：Artificial Intelligence、Wireless Communication、Resource Management、Empirical Evidence、Task Analysis、Computational Modeling。其中 Artificial Intelligence 的强度较高，表明人工智能得到了研究者关注，未来依旧会是一个研究热点。分析发现，大部分时间均有突发性关键词出现，并在一定时间得到持续性研究，前期形成了 Smart Grid，Wind Power 等突发性关键词，后期形成了 Artificial Intelligence，Computational Modeling 等突发性关键词。关键词突显时间非常集中，前期形成的研究热点得到持续性研究，智能化技术应用等有望成为今后热点研究领域。

**表 4－6　　2013—2023 年能源安全研究关键词突显图谱**

| Keywords | Year | Strength | Begin | End | 2013—2023 |
|---|---|---|---|---|---|
| Energy Security | 2013 | 99. 65 | 2013 | 2015 | |
| Smart Grid | 2013 | 35. 73 | 2013 | 2016 | |
| Wind Power | 2013 | 26. 08 | 2013 | 2016 | |
| Biofuel | 2013 | 24. 52 | 2013 | 2017 | |
| Key Management | 2013 | 21. 81 | 2013 | 2016 | |
| Stochastic Security | 2013 | 20. 67 | 2013 | 2016 | |
| Energy Policy | 2013 | 19. 62 | 2013 | 2014 | |
| Ethanol | 2013 | 19. 05 | 2013 | 2017 | |
| Sensor Network | 2013 | 17. 66 | 2013 | 2018 | |
| United States | 2013 | 17. 61 | 2013 | 2016 | |
| Climate Change | 2013 | 16. 7 | 2013 | 2014 | |
| Electricity Market | 2013 | 16. 07 | 2013 | 2017 | |
| Food Security | 2013 | 15. 1 | 2013 | 2014 | |
| Shale Gas | 2013 | 15. 01 | 2013 | 2018 | |
| Nuclear Power | 2013 | 14. 45 | 2013 | 2015 | |
| Constraint | 2013 | 13. 81 | 2013 | 2018 | |
| Spinning Reserve | 2013 | 13. 21 | 2013 | 2016 | |
| Ad Hoc Network | 2014 | 15. 47 | 2014 | 2018 | |
| Stochastic Programming | 2013 | 15. 36 | 2015 | 2019 | |
| Artificial Intelligence | 2019 | 25. 93 | 2021 | 2023 | |
| Wireless Communication | 2017 | 25. 2 | 2021 | 2023 | |
| Resource Management | 2018 | 14. 9 | 2021 | 2023 | |
| Empirical Evidence | 2021 | 13. 89 | 2021 | 2023 | |
| Task Analysis | 2020 | 13. 74 | 2021 | 2023 | |
| Computational Modeling | 2020 | 12. 98 | 2021 | 2023 | |

## 4.6 本章小结

能源安全研究是一个复杂而关键的领域，近年来相关研究开始迅猛增长。本书基于 WOS 数据库，运用 CiteSpace 文献计量工具，采用知识图谱可视化方法，从文献发文时间数量、国别、研究机构、高被引作者和期刊、施引和被引学科聚类、研究热点领域及演变趋势，对能源安全文献进行了分析，得出以下结论。

在文献基本统计特征方面来看，能源安全的研究出现快速增长的趋势，文献数量从 2013 年到 2022 年，十年间增长了 3 倍多。中国是能源需求和消耗大国，也是全球发文量最多的国家，发文量排在第二和第三位的是美国和印度。研究成果集中在知名院校和研究机构，形成明显研究群落，且其地域接近的群落之间合作密切。

在研究内容上，能源安全研究内容覆盖广泛，涉及的领域和学科非常广泛，且学科领域间相互交叉，重视从系统的角度研究能源安全，强调能源安全评估对能源稳定供应的重要作用，关注 renewable energy，能源安全评估的优化和管理等问题，climate change，energy efficiency，network 和 challenge 等问题也已经引起了学者的关注。

在研究热点方面，能源安全研究关注能源治理、能源与气候变化，可再生能源安全、能源模型、能源效率和能源技术。尤其是随着对传统化石能源依赖的担忧日益加深，太阳能、风能、水能、生物质能等可再生能源的研究受到越来越多的关注。

在前沿研究趋势方面，能源安全研究跨学科性质明显，全面深入地开展各学科的交叉融合研究是一大趋势。通过关键词突显分析发现，人工智能、通信等技术与能源安全领域研究交叉融合，是未来依旧研究热点。

综上所述，能源安全问题作为一个重要的研究焦点，已经由过去关注煤炭、石油等化石能源的安全供应和保障，逐渐向适应气候变化、可再生能源、能源效率和能源治理等方向进行转变。通过信息技术的应用、学科交叉和机构合作，能源安全研究将形成紧密的学术网络。在能源安全的研究过程中，从多学科、多视角出发，进一步拓展研究的广度和深度，为解决能源安全问题提供切实可行的解决方案，才能更好地解决能源安全面临的复杂问题，为全球能源安全和可持续发展提供理论和实践支撑。

能源安全研究热点集中在能源治理、能源与气候变化，可再生能源安全、能源模型、能源效率和能源技术六大方面。近年来，能源安全研究具有跨多学科交叉融合的特点，人工智能、通信等技术与能源安全领域研究交叉研究是未来研究热点之一。通过分析能源安全文献的最新进展，可为后续研究提供参考与借鉴。

# 第5章　我国能源安全影响因素分析

能源安全是关系国家经济社会发展的全局性、战略性问题，是全球发展领域最紧迫的挑战之一。为全面识别我国面临能源安全影响因素，通过综合运用自然语言处理、社会网络分析和机器学习方法对权威媒体网络新闻进行文本数据挖掘，更客观、全面、准确地识别能源安全影响因素及其关联关系，提出影响能源安全的七大主题，为进行我国建立能源安全预测预警机制，实现能源安全风险管理提供参考。

## 5.1　识别能源安全关键影响因素问题的提出

能源安全是全球发展领域最紧迫的挑战之一。能源安全是关系国家经济社会发展的全局性、战略性问题，对国家稳定发展、人民生活改善、社会长治久安至关重要。能源作为驱动经济发展的关键要素，是各国经济稳定发展的命脉。油气等能源资源具有高度地理分布不均和稀缺性的特点，不可避免地成为许多纷争的根源。国家能源安全成为保障国家安全的重要组成部分，也是学术界普遍关注的问题。

随着我国经济发展、产业持续升级，对能源的需求逐年提高，其增速明显高于 GDP 增长速度。近年来石油和天然气消费量持续上升，我国已成为全球能源消费大国，对化石燃料能源依存度大幅度提高[90]。受能源资源禀赋影响，我国石油、天然气对外依存度分别高达 70%、40%，而国际上一般将石油对外依存度达到 50% 视为安全警戒线[91]。

2022 年乌克兰危机爆发后，美国与欧洲国家共同对俄罗斯实施了全方位制裁，以致俄罗斯与欧洲国家的能源供应链中断，一些国际石油公司选择撤离俄罗斯市场，这一连串事件加速了全球油气市场的分裂趋势。全球原油和天然气价格呈现出大起大落的态势，能源价格波动的幅度之大、涉及品种之多、影响范围之广前所未有[91]。而美国积极推进的亚太战略，使我国周边环境复杂化，海上油气运输通道受阻，我国能源安全面临多重风险因素。目前，我国开始大力发展风力发电和太阳能发电，开发核电资源，开始向非化石燃料转型。

目前，学术界的研究主要集中在能源运输安全、能源贸易安全、能源格局安全等方面。在能源运输方面，Guo 等[92]探讨第三方损坏（TPD）对石油天然气管道安全造成的影响风险。Huang 等[93]分析巴基斯坦石油和液化天然气运输走廊的可行性等。在能源交易风险方面，Shutters 等[94]分析全球能源贸易网络的拓扑结构，探讨不同国家间能源贸易的脆弱性与稳定性。Taghizadeh – Hesary 等[95]运用重力贸易理论和 GMM 面板估计，分析俄罗斯和亚太能源贸易的决定因素。在能源安全格局方面，Huang 等[13]对中国 7 种石油品种的进口格局及其贸易结构安全性进行分析。鄢继尧等[96]运用空间分析方法刻画我国原油进口贸易时空格局演变特征。Zhang 等[97]探讨国家风险对能源贸易模式的影响等等。然而，相关文献对能源安全的研究主要集中在运输、贸易等某一方面，缺乏对能源安全的影响因素的全方位探讨以及因素之间关联性的研究，不利于把握能源安全问题的全貌。

近年来，文本挖掘技术应用于分析能源安全问题，Wang 等[98]使用文本挖掘方法从事件报告中提取基于本体的贝叶斯网络，来评估可再生能源事故风险。Zhao 等运用 LDA 主题模型识别石油市场的风险因素[99]以及对石油市场风险时效性进行分析[100]。Wang 等[101]运用 LDA 主题模型挖掘技术文本数据，分析我国省级能源技术异质性等等。LDA 主题模型作为一种成熟的技术为科研人员所重视，Huang 等运用 LDA 主题模型挖掘众包平台参与者评论文本[60]，探讨网络订餐食品安全[102]等等。同时，社会网络分析技术也应用于能源领域，如通过分析风能技术，以确定风能领域最具影响力和关联性的技术[103]；通过关联分析了解调查者的能源实践和节能态度[104]等等。已有的研究表明，LDA 主题模型的实证结果优于其他传统模型[59]，能克服模型过度拟合和忽略文本语义表达的缺点；社会网络分析是分析和可视化社会网络中的节点和边，揭示出网络中的隐藏关系和模式的有效方法。已有的研究为进行能源安全文本挖掘分析提供了理论和方法的参考。

综上所述，对能源安全领域的研究，涉及多领域、多因素的复杂交互。虽然能源安全领域研究已取得一系列的进展，但是仍然存在不足。能源安全问题的研究从单个领域出发，难以进行系统和综合分析。大数据背景下，如何运用网络新闻媒体大数据，综合运用自然语言处理技术、机器学习技术和社会网络分析，提取网络文本特征提取方法，识别影响能源安全的关键因素，探讨各因素之间的关联关系，分析预测能源安全趋势，是尚待探讨的研究新领域。

能源安全是一个复杂问题，需综合考虑政治、经济、环境等多方面因素[72]。如何识别国家能源安全风险，保障国家能源安全成为亟待探讨的重要问题。在此背景下，本书研究目的是基于网络文本客观、全面、准确和时效性强等特点，通过对权威媒体网络新闻文本进行数据挖掘，提取出影响我国能源安全的关键因素。具体而言，我们通过自然语言处理、机器学习技术和社会网络分析进行能源安全新闻文本挖掘和分析，并试图回答一下几个问题：

1. 当前国际环境下我国能源安全哪些因素影响？

2. 我国能源安全影响因素之间的关联关系如何？

3. 我国能源安全当前关注的焦点及发展趋势？

## 5.2　文本数据获取与预处理

### 5.2.1　研究步骤

基于自然语言处理和机器学习技术的文本分析已成为处理大规模文本数据的有效方法之一。本书旨在利用本书3.2节中词频－逆文档频率（TF－IDF）、潜在狄利克雷分配主题模型（Latent Dirichlet Allocation，LDA）等文本挖掘技术，研究基于网络新闻中能源安全相关的风险因素并探讨因素之间的关联关系，并提出一种能源安全影响因素的识别方法，客观和综合地提取出影响能源安全的关键因素。能源安全关键影响文本挖掘步骤如图5－1所示。

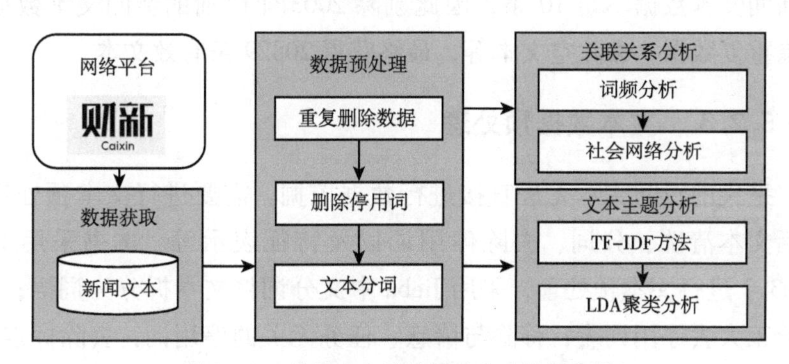


图5－1　能源安全关键影响文本挖掘步骤

首先，进行数据采集和预处理，从网络新闻平台获取与能源安全相关的新闻数据，并进行停用词过滤和分词处理。然后，通过高频词分析和LDA文本主题模型，提取新闻文本中能源安全影响因素，并进行聚类分析。接着，分析能源安全各影响因素之间的关联关系。最后，通过分析我国能源安全的影响因素与关联关系，对保障我国能源安全提出建议，提前预警和防范能源安全风险。

### 5.2.2　文本数据获取

本书选取财新网进行文本采集，该网站以深度报道、分析和评论著称，报道范围涵盖了我国和全球的经济、金融、商业、科技和政治等领域。财新网的报道在业内具有很高的声誉和影响力，为我国十大权威媒体新闻网站之一。利用集搜客（GooSeeker）数据采集器，以“能源安全”和“能源市场”为关键词，采集财新网能源安全相关新闻文本的标题和摘要。通过采集获取财新2001—2023年新闻文本的标题和摘要各31220条，文本信息如表5－1所示。

表5－1　新闻文本信息检索

| 文本采集网站 | 财新网 |
| --- | --- |
| 检索词 | “能源安全”和“能源市场” |
| 文本摘要数量 | 31220条 |
| 获取时间段 | 2001—2023年 |

对从财新网获取的新闻文本进行数据预处理，考虑2001—2002年新闻文本数据不足10条，因此剔除2003年以前的新闻文本数据，删除重复数据，去除空文本等，最终获得20829条有效文本。

### 5.2.3　文本数据预处理

采集的新闻文本无法直接进行数据挖掘，需要进行文本预处理，包括文本清洗、分词、去除停用词以及特征表示等。本书采用Python3.7进行文本预处理，采用Jieba中文分词将文本拆分为词语；运用哈工大去停用词表，移除与情感、任务无关的停用词；去除标点符号、数字、特殊字符、HTML标签，以及连接词、感叹词、代词等。通过TF－IDF等方式将文本转换为一组数字，将文本转换为数值型特征表示，即将非结构化数据转化为结构化数据，得到评论文本特征集合。

## 5.3　基于词频统计的能源安全影响因素分析

以财新网平台采集的新闻文本为数据集，本书采用Python3.7进行 Jieba 中文分词，统计词频，通过词云图反映文本中不同词汇的重要程度，可视化新闻文本数据的主题和重点。运用 TF－IDF 算法提取文本特征，通过计算困惑度确定 LDA 模型的最佳主题数，实现文本聚类。通过社会网络分析方法分析能源安全影响因素，识别关键节点和群体，进而分析能源安全问题和政策影响。综合运用 ROSTCM6 内容挖掘系统和 Gephi0.9.3 软件，分析和可视化能源安全复杂网络，更深入理解网络的结构和特征，发现能源安全网络中的模式和规律，从而提高数据分析和决策制定的效率和精度。

### 5.3.1　能源安全相关新闻文本词频统计

统计词频是一种常见的文本分析方法，可分析文本中不同词语的使用频率，以及对文本主题的影响。2003—2023 年我国能源安全相关新闻文本词频统计如表 5－2 所示。

表 5－2　2003—2023 年的能源安全相关新闻文本词频统计

| 2003—2008 年 | | 2009—2013 年 | | 2014—2018 年 | | 2019—2020 年 | | 2021—2022 年 | | 2023 年 | |
|---|---|---|---|---|---|---|---|---|---|---|---|
| Words | F | Words | F | Words | F | Words | F | Words | F | Words | F |
| 能源 | 163 | 能源 | 504 | 能源 | 2645 | 能源 | 1694 | 能源 | 10289 | 能源 | 1134 |
| 能源安全 | 132 | 能源安全 | 378 | 安全 | 1548 | 安全 | 1142 | 市场 | 5576 | 新能源 | 633 |
| 市场 | 87 | 中国 | 275 | 中国 | 931 | 中国 | 540 | 新能源 | 4265 | 市场 | 625 |
| 中国 | 79 | 市场 | 262 | 市场 | 663 | 新能源 | 492 | 安全 | 2469 | 汽车 | 305 |
| 国家 | 46 | 国家 | 121 | 国家 | 623 | 国家 | 432 | 汽车 | 1981 | 安全 | 256 |
| 石油 | 44 | 发展 | 114 | 能源安全 | 591 | 发展 | 379 | 中国 | 1940 | 中国 | 228 |
| 合作 | 34 | 经济 | 105 | 发展 | 569 | 市场 | 336 | 发展 | 1486 | 发展 | 173 |
| 问题 | 32 | 美国 | 99 | 新能源 | 507 | 美国 | 329 | 全球 | 1427 | 全球 | 165 |
| 美国 | 30 | 石油 | 91 | 美国 | 482 | 汽车 | 318 | 板块 | 1404 | 增长 | 165 |
| 重要 | 27 | 全球 | 81 | 经济 | 477 | 能源安全 | 299 | 经济 | 1267 | 经济 | 151 |
| 经济 | 25 | 气候变化 | 73 | 合作 | 458 | 经济 | 254 | 价格 | 1145 | 板块 | 136 |
| 发展 | 25 | 保障 | 64 | 领域 | 439 | 领域 | 240 | 企业 | 1135 | 企业 | 135 |
| 环境 | 25 | 合作 | 63 | 问题 | 426 | 企业 | 240 | 公司 | 1067 | 数据 | 124 |
| 俄罗斯 | 24 | 国际 | 61 | 汽车 | 396 | 问题 | 227 | 国家 | 1011 | 价格 | 123 |
| 国际 | 23 | 安全 | 56 | 投资 | 338 | 公司 | 207 | 美国 | 1001 | 投资 | 117 |

续表

| 2003—2008 年 | | 2009—2013 年 | | 2014—2018 年 | | 2019—2020 年 | | 2021—2022 年 | | 2023 年 | |
|---|---|---|---|---|---|---|---|---|---|---|---|
| Words | F | Words | F | Words | F | Words | F | Words | F | Words | F |
| 全球 | 23 | 资源 | 51 | 全球 | 324 | 技术 | 204 | 增长 | 977 | 行业 | 112 |
| 战略 | 22 | 战略 | 50 | 企业 | 314 | 全球 | 201 | 行业 | 964 | 需求 | 110 |
| 气候变化 | 22 | 领域 | 46 | 公司 | 273 | 保障 | 198 | 领域 | 946 | 预期 | 109 |
| 世界 | 21 | 价格 | 46 | 保障 | 268 | 生产 | 184 | 供应 | 897 | 领域 | 101 |
| 政策 | 19 | 世界 | 45 | 国际 | 263 | 投资 | 177 | 投资 | 877 | 国家 | 88 |
| 天然气 | 16 | 天然气 | 42 | 建设 | 262 | 方面 | 163 | 数据 | 831 | 消费 | 88 |
| 投资 | 16 | 投资 | 42 | 技术 | 254 | 石油 | 161 | 政策 | 823 | 欧洲 | 88 |
| 供给 | 14 | 新能源 | 41 | 石油 | 247 | 合作 | 158 | 需求 | 783 | 通胀 | 88 |
| 资源 | 11 | 环境 | 40 | 基础 | 228 | 建设 | 154 | 能源安全 | 767 | 政策 | 84 |
| 各国 | 11 | 国内需求 | 40 | 环境 | 224 | 行业 | 142 | 电力 | 745 | 产业 | 81 |

注：F 表示词频。

本书将 2003—2023 年的新闻文本划分为不同阶段，分别统计词频。观察文本中出现频率最高的前 25 个词汇或短语，以揭示文本的主题和中心思想。将 2018 年及以前年份以 5 年为单位进行划分，为更好地分析近年来全球能源市场的变化，将 2019—2023 年的新闻报道划分为 2019—2020 年、2021—2022 年以及 2023 年。从词频分析，关于“能源”“市场”“中国”“国家”“经济”“发展”“投资”出现频率最高；近五年“投资”的词频数排名逐渐上升，表明投资的关注度提升。通过词频分析，“新能源”是近 5 年出现频率最高的词汇；而“石油”在 2020 年以前出现的词频数逐渐下降，2021 年后该关键词消失。表明我国国家能源政策的转变。我国在“碳达峰、碳中和”的战略目标下，通过大力发展新能源，如通过政策扶持新能源汽车产业发展，以降低对传统能源的依赖。

从国家名称来分析，俄罗斯在 2003—2008 年出现频率高，美国在 2009—2022 年出现频率高，欧洲在 2023 年出现的频率高，表明我国在不同的阶段对俄罗斯、美国和欧洲的关注程度，以及国家之间影响程度的差异。“欧洲”“通胀”在 2023 年词频排名靠前，表明 2022 年爆发的俄乌冲突，导致欧洲能源价格被严重推高，能源危机将欧洲通货膨胀推向历史新高，成为关注的热点问题。“需求”在 2023 年新闻文本中词频数增加，表明我国面对国际形势变化，我国出口贸易订单不断减少的情况下，提出扩大全社会投资，扩大对内需求促进消费增长的政策和措施。

### 5.3.2　词云图可视化

通过词云图可视化能源安全相关的新闻文本中出现的高频词汇。文本语料高频词汇词云图如图 5－2 所示。

图 5－2　文本语料高频词汇词云图

通过对 2003—2023 年新闻文本语料词频进行统计，得到高频词汇词云图。词汇出现的频率越高，显示的字体越突出，说明其越重要。高频词汇包括名词、形容词和动词等，统计发现能源、市场、新能源、中国、安全等方面关注度较高。Energy（能源）反映了能源是所有讨论的核心主题，围绕能源的讨论涉及供应、需求、市场、技术和政策等多个维度。Market（市场）突出强调了能源市场的重要性，表明能源的流通、价格波动及市场供需关系是长期关注的重点。New Energy（新能源）反映出全球能源转型的趋势。随着清洁能源和可再生能源技术的发展，新能源（如太阳能、风能、生物燃料等）成为研究和政策讨论的热点。Country（国家）与 Global（全球）高频词汇，表明能源安全是国家安全的重要组成部分，同时具有全球协作的性质。例如国际能源市场、能源供需链等问题与多个国家间的合作密切相关。

从关注的问题与趋势来看，Natural Gas（天然气）、Petroleum（石油）、Coal（煤炭）等传统化石能源依然是新闻讨论的重点，但可再生能源的出现正在改变能源结构。能源价格波动对经济和社会的影响成为报道焦点，尤其在国际市场价格波动时期。随着科技驱动的能源革新趋势，Technology（技术）与 Green（绿色）反馈了能源绿色发展和环境保护的政策方向。高频词如"New Energy""Global""Investment"反映出推动能源转型、实现低碳发展的重要性，以及国际协作的必要性。"Price""Market""Demand"等词汇揭示了能源安全的核心挑战能源供需与价格波动。"Technology""Policy""Guarantee"强调了科技创新与政策支持的结合，为未来能源安全提供保障等。

## 5.4 基于社会网络分析的影响因素关联分析

社会网络分析用于识别能源安全影响因素，理解不同能源安全因素之间的关联关系。社会关系网络是由多个节点和节点之间的连线组成的集合，用节点和连线来表示网络，可对节点之间的关系进行量化和形式化描述。通过社会网络分析关注节点之间的联系和强弱关系，能更丰富地、系统地描述能源安全影响因素之间的相互作用，以及它们之间如何影响能源供应链和安全，为能源安全提供有价值的见解，为制定更有效的能源安全政策和决策提供支持。

本书结合 GooSeeker 中文分词和情感分析软件与 Gephi0. 10. 1 软件，对能源安全新闻文本进行社会网络分析。首先通过 GooSeeker 分词软件进行文本分词，生成表示特征词表和表示各个关键词链接的共词矩阵。然后运用 Gephi0. 10. 1 软件，计算共词矩阵的平均度、平均加权度、紧密中心性、平均聚类系数和特征向量中心性等指标，可视化社会网络图如图 5 – 3 所示。

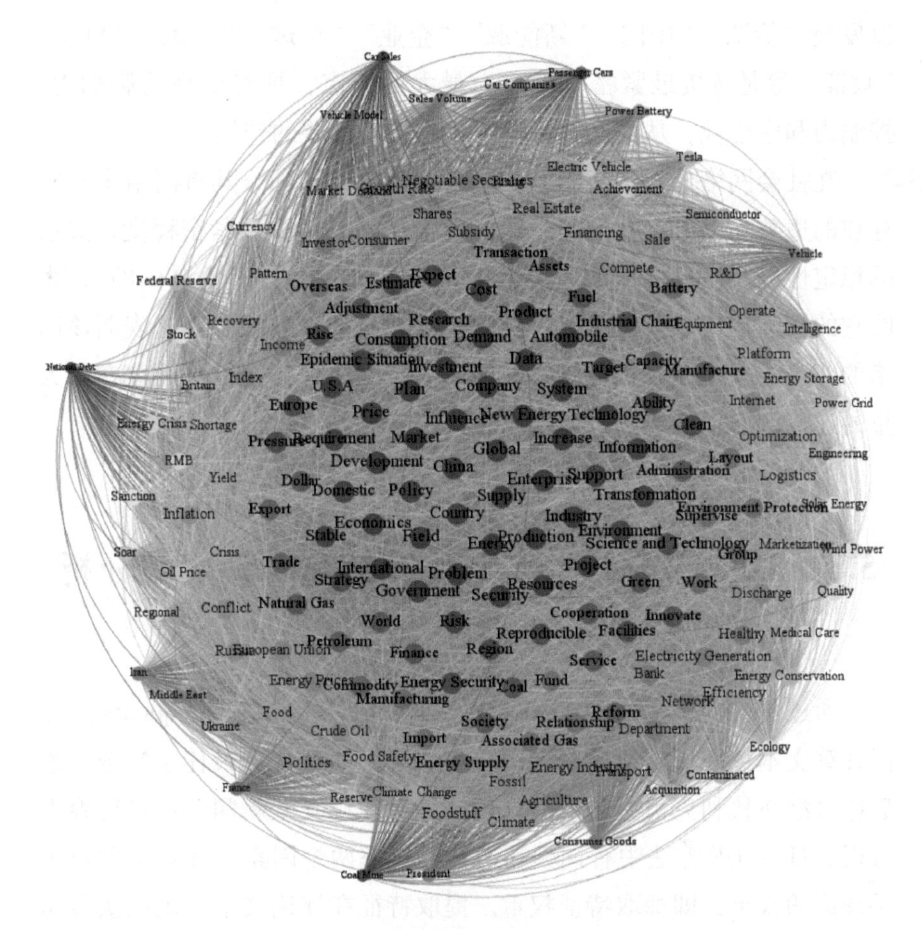


**图5-3 能源安全影响因素社会网络分析**

在社会网络分析图中，各个节点分别代表一个关键词，两节点连线上的数字代表两个关键词同时出现的频率。能源安全新闻文本的通过统计共词矩阵，得到网络节点数为187，边数为15256条，计算得出网络平均度为163.166，平均加权度为9257.529，图密度为0.877。社会网络分析中的平均度（Average Degree）指的是网络中每个节点所连接的平均边数，用来描述节点在社会网络中的活跃程度和连接情况，以及网络的紧密度和复杂度。从平均度来看，该节点的度数较高，表面节点间的联系密切，信息传播的速度和范围较广。

平均加权度可以帮助我们更全面地了解社会网络中的节点，尤其是重要节点在网络中的位置和作用。通过计算节点的加权度，我们可以发现“能源”“中国”“新能源”“企业”“全球”“国家”“供应”“政策”等是链接最紧密、影响力最大的节点，具有更高的影响力、控制力和中心性，从而在社会网络中发挥着重要的作用。

在社会网络分析中，图密度是一个重要的指标，其将网络中实际存在的边数除以节点数的组合数，以描述因素间联系紧密程度、关系的稳定性以及信息传播的速度等问题。本研究中图密度为 0.877，表明它的实际连接数量比所有可能的连接数量要高出很多，这表明该网络的节点之间存在着相对较紧密的联系，网络中的节点之间存在着大量的连接，信息传递和资源共享较为容易。

## 5.5 基于 LDA 文本主题的影响因素聚类分析

通过 TF - IDF（Term Frequency - Inverse Document Frequency）方法计算文本特征权重，接着运用文本主题困惑度计算最佳主题数，最后通过潜在狄利克雷主题模型（LDA）对能源安全新闻文本进行聚类分析。TF - IDF 方法中有词频和逆文档频率两个因素，计算得到每个关键词的权重，即抽取特征权重。提取特征在评论文本出现的次数越多，重要性程度越高；但随着语料库中出现的频率增加，其重要性越低。LDA 主题模型主题可以运用困惑度来评估模型的表现，模型的困惑度越低，表明模型对数据的聚类效果越好。

采用困惑度指标评定法，将主题数的范围选取为 1 到 20 之间，模型的困惑度先下降，而后上升，困惑度曲线的“拐点”为 7，即当 LDA 模型选择 7 个聚类主题时，困惑度值最小，表明对于数据的拟合程度最好，预测结果更为准确可信。随着主题数的增多，每一个主题是抽象的，却信息重叠度高，LDA 模型计算代价也相应增大，且容易过拟合。LDA 主题模型的困惑度曲线如图 5 - 4 所示。

运用 LDA 主题模型抽取新闻文本主题，输出各主题相关的关键词汇。当各主题提取的关键词过多时，出现与主题内容相关不明显的

**图5-4　LDA主题模型的困惑度曲线**

词汇，通过反复实验调整，最终确定选取对主题描述价值更高的7个主题词作为关键主题词。我国能源安全新闻文本主题—特征词提取结果如表5-3。

**表5-3　我国能源安全新闻文本主题—特征词提取**

| 主题编号 | 主题内容 | 特征词1 | 特征词2 | 特征词3 | 特征词4 | 特征词5 | 特征词6 | 特征词7 | 特征词8 |
|---|---|---|---|---|---|---|---|---|---|
| 主题一 | 新能源 | 新能源 | 市场 | 汽车 | 板块 | 行业 | 电池 | 增长 | 企业 |
| 主题二 | 能源格局 | 能源 | 安全 | 保障 | 天然气 | 电力 | 国家 | 石油 | 煤业 |
| 主题三 | 能源技术 | 安全 | 技术 | 驾驶 | 企业 | 汽车 | 自动 | 公司 | 特斯拉 |
| 主题四 | 能源供应链 | 市场 | 经济 | 数据 | 供应链 | 通胀 | 公司 | 问题 | 增长 |
| 主题五 | 能源市场 | 板块 | 指数 | 上涨 | 标普 | 需求 | 概念 | 预期 | 上涨 |
| 主题六 | 经济政策 | 运转 | 六保 | 居民 | 基层 | 就业 | 民生 | 六稳 | 粮食 |
| 主题七 | 国际关系 | 能源 | 全球 | 美国 | 中国 | 影响 | 俄罗斯 | 经济 | 合作 |

通过困惑度计算出最佳主题数，运用LDA主题模型聚类影响能源安全的因素，将雇主关注的七大主题归纳为：新能源、能源格局、能源技术、能源供应链、能源市场、经济政策和国际关系。

主题一为新能源。从提取的特征词来看新能源、汽车、行业、电池等是目前新闻文本中关注的焦点问题。近年来，我国推行“碳达峰与碳中和”的双碳战略，积极推进习近平总书记提出的“四个革命、一个合作”能源安全新战略，即推动能源消费革命、能源供给革命、能源技术革命、能源体制革命，全方位加强能源国际合作。目前，我国是世界最大的电动汽车市场，约占电动汽车总销量的一半；全球四分之三的锂离子电池在中国生产，我国是绿色能源装备制造的绝对领导者。我国政府出台了一系列政策和激励措施，以支持新能源行业的发展，包括支持电动汽车的采用等。

主题二为能源格局。“天然气”“电力”“石油”“煤业”等特征词聚合出现，表征我国当前的能源消费结构。虽然我国成为世界能源转型领导者，当前我国的能源结构仍主要由煤炭、石油、天然气、水电为主，煤炭在我国能源体系中占比约为57%；石油和天然气占比约为20%和8%；核电、风电、光伏等能源所占比重不足10%。从能源安全的文本挖掘来看，核电、风电和光伏出现频率低。

主题三为能源技术。能源技术涉及燃煤、石油、天然气、核能、风能、太阳能等，但通过文本分析发现，能源安全相关的新闻文本集中于新能源汽车的相关技术，如“驾驶”“自动”“特斯拉”等。我国原油对外依存度突破70%，而汽车消耗石油约占总消耗量约七成，研究结果表明，我国正大力推广新能源汽车技术，以降低石油进口依赖。

主题四为能源供应链。通过文本挖掘发现“经济”“数据”“通胀”“供应链”等是关键特征词。能源安全受市场经济形势的影响，俄乌冲突后欧洲能源价格上涨，供需失衡，欧洲出现通胀。能源供应链的安全与否，直接关系到能源供应的可靠性和持续性，从而对国家的能源安全产生重要影响。

主题五为能源市场。“板块”“指数”“上涨”“标普”等关键特征词表明，能源市场及其交易也是能源安全重要的影响因素。能源市场中，存在现货市场、期货市场、衍生品市场等多种交易方式，可帮助规避能源价格波动和经济风险。能源交易市场的价格波动和供需关系变化对全球经济和能源安全产生影响。

主题六为经济政策。“六保六稳”是中央提出的具体经济政策，“六保”是指保居民就业、保基本民生、保市场主体、保粮食能源安全、保产业链供应链稳定、保基层运转。我国经济政策将“居民”“就业”“民生”“粮食”“能源”等都作为经济稳定发展重要的内容，表明经济政策与能源安全关系协同发展至关重要。

主题七为国际关系。从能源新闻文本分析来看，“全球”“美国”“中国”“俄罗斯”“合作”等特征词所占权重较大。美国是全球第一大经济体，俄罗斯是我国重要的能源进口国，中国与美国、俄罗斯的关系也对能源安全产生深远影响。目前我国也积极参与全球能源治理，推动能源技术和能源投资的合作，增加国际能源资源的互补性，提高能源供应的可靠性和稳定性。

## 5.6　本章小结

本书运用文本数据挖掘方法识别能源安全影响因素，通过对 2003—2023 年的能源安全新闻文本进行实证研究，主要结论如下：

1. 本书综合利用自然语言处理和社会网络分析，对 20829 条能源安全新闻文本进行分析，通过词频统计分析不同时间阶段能源关注点的变迁，分析表明在实施“双碳”战略背景下，我国能源安全格局的转型，与不同国家之间联系紧密程度发生变化。运用社会网络分析识别能源安全影响因素之间的关联关系，研究结果表明，“能源”“新能源”“供应”“政策”等为中心节点，在能源安全网络的节点间存在大量链接，关系密切，信息传递迅速且范围较广。

2. 运用 LDA 主题聚类方法，客观、全面、准确地提出了影响我国能源安全的七大因素。该方法能克服传统能源安全影响因素分析主观性强，时效性差的问题，挖掘文本中隐藏信息，对风险因素进行更深入分析。通过 LDA 主题进行聚类分析，得到影响石油市场的七大主题，即新能源、能源格局、能源技术、能源供应链、能源市场、经济政策和国际关系。我国近年推行能源安全新战略，但从能源格局来看，新能源占比仍然较小。通过实验表明，能源市场存在能源安全风险，应对能源安全的管理中应长期对能源供应链、能源市场风险保持关注，制定有效经济政策，维持良好国际关系。

3. 建立一个实时的、动态的、可筛选、可编译的新闻文本数据库，健全能源安全影响因素监测预警机制。该数据库将汇集各种媒体发布的关于能源安全的新闻文本，以提高文本数据采集效率和新闻文本数据的质量。随着能源安全日益成为全球关注的焦点，通过建立文本数据库的监测、分析和预警机制，迅速发现能源安全风险，及时预警和处理，以提高国家能源安全风险防控能力，为政策制定提供决策支持。

# 第 6 章　我国石油供需安全分析

石油需求量预测问题是关系到国家能源安全和经济发展的重要问题。新冠疫情暴发后，国际油价波动剧烈，石油消费增速趋缓，准确预测石油需求具有重要的现实价值和理论意义。在中国政府拉动内需的背景下，本书从全域旅游的视角出发，分析筛选出影响石油需求的 15 个主要因素，以 2000—2018 年中国石油消费需求影响因素及石油消费量数据为样本，运用级联前向神经网络、前馈反向传播神经网络、Elman 递归神经网络、循环神经网络对石油消费需求进行预测，提出预测准确率更高和稳定性更强的石油需求预测方法。

## 6.1　石油供需安全问题的提出

石油对保障国家能源安全和经济发展发挥着重要作用，对于确保国家能源安全及维持产业链稳定发挥着至关重要的作用。当前，全球正面临油价剧烈震荡、全球经济衰退多重因素叠加，我国政府推行拉动内需的背景下，对石油需求进行预测具有现实意义和理论价值。

从中国统计年鉴的数据来看，2018 年石油消费量为 62245 万吨，其中交通运输石油消费量为 22739 万吨，居民生活石油消费量为 7328 万吨，工业石油消费量为 22460 万吨，交通燃料是石油终端消费的主要用途之一。根据全球大多数发达国家或地区100多年来的历史统计数据分析发现，一次能源消费[105],[106]、工业部门终端能源消费[107]及交通部门终端能源消费与经济发展水平有关。美、英、德等发达国家，以及中、印等发展中国家的石油消费均以交通为主，占比达65%以上[108]。经验表明，机动车保有量对交通部门石油消费量产生至关重要的影响。随着从2000年开始，我国乘用车市场经历了爆发式的增长，乘用车保有量的快速增加拉动了汽油消费量。从历年统计年鉴数据来看，随着国家社会经济的蓬勃发展和民众生活消费观念的转变，私家车的需求量显著上升，汽车保有量也随之快速增长。同时，交通运输和物流等行业也在不断发展壮大，这些因素共同推动了成品油消费量的迅速增加。

全域旅游是厉新建等学者2013年提出的新理念，认为全域旅游是融合多个行业，多个主体积极参与，从全要素、全行业、全过程、全方位、全时空等角度推进旅游目的地发展，使游客产生更为满意的旅行体验的新型旅游模式[109]。吕俊芳[110]认为全域旅游需要整合区域类各种类型的旅游资源，丰富旅游产品，促进空间全景化、产业一体化发展。全域旅游正式的概念则是在2015年8月的中国旅游工作会议上由国家旅游局局长李金早所提出来的。李金早指出："全域旅游"是通过对区域内旅游资源、公共服务资源等经济社会资源进行有机整合，实现产业融合发展、社会共建共享，以旅游业带动和促进经济社会协调发展的一种新的区域协调发展模式[111]。王衍用等[112]从资源整合的视角对全域旅游模式进行了分析，认为全域旅游战略实施的关键在于对区域内的各类与旅游相关的资源进行有机整合。总体而言，学者们分别从"系统论""资源整合"以及"产业融合"等视角对全域旅游模式进行研究。

目前，我国经济的发展，人民生活水平提高，旅游消费的大众化、常态化，旅游已经成为人民群众常态化的重要生活方式之一。自2000年起，中国民航的旅客周转量以年均15%的速度快速增长，这使得煤油消费在成品油中成为增长最为迅猛的一种。随着我国居民收入水平的提升和消费品质的持续升级，同时民航运输能力和机场服务保障能力不断增强，预计我国民航的周转量将继续保持高速增长的态势。我国道路基础设施不断完善，汽车保有量在各国呈现增长趋势，自驾出游已成为人们生活的重要组成部分。

目前，国内外能源（石油）需求预测研究众多。从预测数据来看，Günay 应用时间序列的人工神经网络模型预测了土耳其电力年度需求，其涉及的数据为 1975—2013 年的人口、人均 GDP、通货膨胀率以及力消费相关参数[113]。陈睿等[114]采用 LEAP 模型预测了不同情景下湖南长沙市 2015—2020 年的能源需求，讨论了 GDP 增速、产业结构和节能目标对未来能源需求的影响。Haldenbilen 等[115]应用了包含 GDP、人口和机动车行驶距离等的遗传算法预测了交通部门的能源需求。Yu 等[116]提出一种基于谷歌趋势的在线大数据驱动的石油消费预测模型，该模型在大量搜索结果的基础上，精细地反映了各种相关因素。模型包括协整检验与格兰杰因果分析显著关系分析和将有效的谷歌趋势引入石油消费趋势和价值的预测方法中。纪利群采用先进的直接搜索算法——模式搜索法进行模型参数的优化求解，并用 Logistic 模型和改进的 Logistic 模型描述中国历年石油消费量数据，并在此基础上进行预测[117]。

从预测方法来看，主要可分为计量经济方法和机器学习方法两大类，如时间序列分析法、战略规划法、灰色预测模型（GM）、投入产出分析法、回归分析法、人工神经网络、趋势递推法等。Wang 等[118]构建了基于卷积积分的灰色预测模型 GMC（1，N）预测中国工业部门能源，结果显示预测数据要比传统的 SARMA 和 GM（1,1）更加准确。Li 等[119]运用神经网络组合模型对中国石油需求进行预测，提出运用 TCM - NNCT 的神经网络进行预测是一种可行而且有效的方法。Li 等[120]采用因子分析法和 Logistic 模型，建立基于情景分析的石油消费需求预测模型，并对模型进行了校验和误差分析。文炳洲等[121]选用灰色系统模型、三次指数平滑模型和 BP 神经网络模型三种预测模型，研究成果表明，运用神经网络方法进行需求预测，能取得预测效果良好。

综上所述，石油消费与经济发展密切相关，受到包括人口、经济结构、消费结构等社会经济因素和交通汽车（机动车）、石化工业、节能与石油替代、科技进步等因素影响[122],[123]。现有方法的石油需求预测方法大多从人均 GDP、GDP 增速、产业机构等宏观因素进行分析，未从社会中微观个体，居民的视角出发将居民生活水平与能源消费的内在特征或规律体现在预测模型之中。同时，研究结果表明，运用神经网络方法进行石油需求预测是一种有效方法[108]，但运用不同的神经网络模型，以提高石油需求预测精度的研究尚未有学者进行探讨。本书从全域旅游的视角出发，系统考虑人口、居民消费水平、汽车拥有量、国内外旅游出行等因素，系统梳理影响石油消费需求的各要素，对影响因素进行重要性分析，运用多种神经网络模型对石油消费需求进行预测和探讨。

## 6.2　商务大数据获取与预处理

### 6.2.1　商务大数据获取

石油消费需求受到众多因素的影响，结合石油需求预测领域的研究成果，通过分析 2000—2018 年中国历年石油消费情况，遵循综合性、可比性和可获得性原则，采用专家评分法确定石油需求预测的影响因素。从全域旅游的视角出发，对石油消费需求的主要影响因素进行归纳和筛选。

本书石油需求预测所涉及的数据来源于中华人民共和国国家统计局发布的 2000—2020 年中国统计年鉴。国内游客人数、入境游客人数、国内旅游总花费、人均花费、国际旅游总收入、国际旅游长途交通收入、国际旅游汽车收入、国际旅游民航收入数据来源于国家统计局贸易外经司根据公安部和国家旅游局的资料整理发布的数据。总人口数量统计指标来源于国家统计局人口和社会科技统计司整理公布的数据。居民消费水平、居民交通通信消费支出、居民每 100 户的汽车拥有量数据来源于国家统计局城市经济社会调查总队的居民家庭抽样调查汇总的结果。居民生活石油消费量、交通运输的石油消耗量数据来源于中国统计年鉴能源生产和消费部分的统计数据如表6－1所示。

本书关于石油需求预测所涉及的核心数据来源为中华人民共和国国家统计局发布的权威统计资料《中国统计年鉴》，时间跨度从2000年至2020年，时间序列数据为预测模型提供了坚实的历史支撑，确保了预测结果的可靠性和准确性。以下对数据来源及其内容作详细说明。

（1）旅游相关数据

国内游客人数与入境游客人数：这些数据直接反映了国内和国际旅游市场的发展规模与活跃程度，为分析旅游业对石油需求的影响提供了重要基础。

国内旅游总花费与人均花费：通过这些数据，可以评估国内旅游市场的消费能力和增长潜力，从而间接推测旅游出行对交通工具燃料消耗的影响。

国际旅游收入细分：包括国际旅游的总收入，以及具体的长途交通收入、汽车收入、民航收入等。这些细分数据有助于分析国际旅游对不同交通方式石油需求的贡献，揭示交通能源使用的结构性特征。

（2）人口数据

总人口数量：统计指标来源于国家统计局人口和社会科技统计司发布的数据。总人口的变化趋势为石油需求预测提供了基本框架，尤其在人口增长、城市化进程对交通和能源消耗的影响方面，具有重要的参考价值。

（3）居民消费相关数据

居民消费水平与交通通信消费支出：这些数据来自国家统计局城市经济社会调查总队通过居民家庭抽样调查汇总而得。消费水平的变化不仅反映居民生活质量的提高，也显示了石油需求的潜在增长空间，尤其是与交通出行相关的支出。

居民每100户的汽车拥有量：该指标体现了私家车普及程度的动态变化，直接与石油消费（特别是汽油消费）相关，是分析交通石油需求的重要参数。

表6-1 2000—2018年石油消费需求影响因素及石油消费量数据

| 年份 | 中国人口总数（万人） | 居民消费水平 | 居民交通通信消费 | 居民汽车拥有量（100户） | 国内游客人数（百万人次） | 入境游客数（万人次） | 旅游总花费（亿元） | 人均花费（元） | 国内旅游收入（亿美元） | 国际旅游收入（亿元） | 国际旅游收入（长途交通）（亿美元） | 国际旅游（汽车）（亿美元） | 国际旅游（民航）（亿美元） | 居民生活用油（万桶） | 交通运输的石油消耗量（万桶） | 石油消费量（万桶） |
|---|---|---|---|---|---|---|---|---|---|---|---|---|---|---|---|---|
| 2000 | 126743 | 3698 | 426.95 | 0.5 | 744 | 8344.39 | 3175.5 | 426.6 | 3175.32 | 162.24 | 48.8 | 5.96 | 35.02 | 1491.2 | 5509.4 | 22439.3 |
| 2001 | 127627 | 3954 | 493.94 | — | 784 | 8901.29 | 3522.4 | 449.5 | 3522.36 | 177.92 | 50.05 | 4.45 | 33.59 | 1542.7 | 5692.9 | 22838.3 |
| 2002 | 128453 | 4256 | 626.04 | — | 878 | 9790.83 | 3878.4 | 441.8 | 3878.36 | 203.85 | 52.6 | 8.74 | 36.61 | 1477.5 | 6156.6 | 24779.8 |
| 2003 | 129227 | 4542 | 721.12 | 0.825 | 870 | 9166.21 | 3442.3 | 395.7 | 3442.27 | 174.06 | 44.38 | 7.37 | 30.9 | 1645.8 | 7093.2 | 27126.1 |
| 2004 | 129988 | 5056 | 843.62 | 1.1 | 1102 | 10903.82 | 4710.7 | 427.5 | 4710.71 | 257.39 | 66.88 | 8.1 | 49.52 | 1778 | 8620.6 | 31699.9 |
| 2005 | 130756 | 5671 | 996.72 | 3.37 | 1212 | 12029.23 | 5285.9 | 436.1 | 5285.86 | 292.96 | 82.94 | 7.18 | 59.28 | 1794.2 | 9708.5 | 32535.4 |
| 2006 | 131448 | 6302 | 1147.12 | 4.32 | 1394 | 12494.21 | 6229.7 | 446.9 | 6229.74 | 339.49 | 73.76 | 3.1 | 66.63 | 1992.5 | 10969.2 | 34875.9 |
| 2007 | 132129 | 7434 | 1357.41 | 6.06 | 1610 | 13187.33 | 7770.6 | 482.6 | 7770.62 | 419.19 | 111.43 | 6.94 | 87.91 | 2267.1 | 12296.6 | 36570.1 |
| 2008 | 132802 | 8483 | 1417.12 | 8.83 | 1712 | 13002.74 | 8749.3 | 511 | 8749.3 | 408.43 | 124.87 | 10.47 | 90.47 | 2916.9 | 13279.4 | 37302.9 |
| 2009 | 133450 | 9226 | 1682.57 | 10.89 | 1902 | 12647.59 | 10183.7 | 535.4 | 10183.69 | 396.75 | 117.41 | 9.58 | 85.84 | 3166.8 | 13548.5 | 38384.5 |
| 2010 | 134091 | 10550 | 1983.7 | 13.07 | 2103 | 13376.22 | 12579.8 | 598.2 | 12579.77 | 458.14 | 130.91 | 10.81 | 98.08 | 3541.9 | 14870 | 43245.2 |
| 2011 | 134735 | 12646 | 2149.69 | 18.58 | 2641 | 13542.35 | 19305.4 | 731 | 19305.39 | 484.64 | 151.17 | 14.06 | 114.7 | 3983.9 | 16021 | 45378.5 |
| 2012 | 135404 | 14075 | 2455.5 | 21.54 | 2957 | 13240.53 | 22706.2 | 767.9 | 22706.22 | 500.28 | 172.78 | 15.45 | 131.64 | 4291.6 | 17838 | 47650.5 |

续表

| 年份 | 中国人口总数（万人） | 居民消费水平 | 居民交通通信消费 | 居民汽车拥有量（100户） | 国内游客人数（百万人次） | 入境游客数（万人次） | 旅游总花费（亿元） | 人均花费（元） | 国内旅游收入（亿美元） | 国际旅游收入（亿元） | 国际旅游收入（长途交通）（亿美元） | 国际旅游（汽车）（亿美元） | 国际旅游（民航）（亿美元） | 居民生活用油（万桶） | 交通运输的石油消耗量（万桶） | 石油消费量（万桶） |
|---|---|---|---|---|---|---|---|---|---|---|---|---|---|---|---|---|
| 2013 | 136782 | 15615 | 1627.1 | 22.3 | 3262 | 12907.78 | 26276.1 | 805.5 | 26276.12 | 516.64 | 174.57 | 13.65 | 134.1 | 4752.4 | 18967.6 | 49993.9 |
| 2014 | 136782 | 17271 | 1869.3 | 25.7 | 3611 | 12849.83 | 30311.9 | 839.7 | 30311.86 | 569.13 | 195.95 | 15.68 | 145.79 | 5305 | 19558 | 51859 |
| 2015 | 137462 | 18929 | 2086.9 | 30 | 3990 | 13382.04 | 34195.1 | 857 | 34195.05 | 1136.5 | 448.5 | 32.5 | 294.8 | 6162 | 20663 | 55960 |
| 2016 | 138271 | 20877 | 2337.8 | 35.5 | 4435 | 13844.38 | 39289.8 | 888.2 | 39390 | 1200 | 446.5 | 31.6 | 290.6 | 6713 | 21146 | 57693 |
| 2017 | 139008 | 23070 | 2498.9 | 37.5 | 5001 | 13948.24 | 45660.8 | 913 | 45660.77 | 1234.17 | 449.46 | 29.43 | 304.87 | 7140 | 22076 | 60396 |
| 2018 | 139538 | 25378 | 2675.4 | 41 | 5539 | 14119.83 | 51278.3 | 925.8 | 51278.29 | 1271.03 | 336.31 | 13.72 | 333.53 | 7328 | 22739 | 62245 |

资料来源：中国统计年鉴。

（4）石油消费相关数据

居民生活石油消费量：此部分数据揭示了居民日常生活中对石油产品的直接需求，如液化石油气、煤油等的使用情况。

交通运输石油消耗量：来源于《中国统计年鉴》能源生产和消费部分的统计数据，详细记录了交通运输行业石油消耗的具体结构和趋势。这些数据对研究公共交通、货运物流等领域的石油需求尤为关键。

通过以上多维度数据的综合分析，本书从人口、经济、消费、交通、能源等多个层面，综合运用多维度、多层次的数据资源，力求实现对中国石油需求未来走势的科学、全面、准确的预测与分析。这些数据的来源权威且覆盖全面，为石油需求预测提供了坚实的统计基础，同时也有助于揭示石油消费领域的结构性变化与潜在驱动力，为政府能源政策制定和行业企业发展规划提供重要参考。

### 6.2.2 数据预处理

本书居民汽车拥有量2001年和2002年数据缺失，不宜直接进行模型构建，需要对数据进行预处理，提高数据质量，从而提升数据挖掘的质量。期望最大化（EM）算法是一种广泛应用于填补数据缺失值的统计方法，其核心目标在于获取最大似然估计。该算法由两个核心步骤构成：期望步骤和最大化步骤。这两个步骤在迭代过程中反复执行，直至最终收敛至最大似然估计值。当前，期望最大化算法已成为处理复杂估计问题的常用手段。

①数据标准化处理。

对数据进行无量纲化处理，消除变量间的量纲影响，以便于对比分析，本书采用数据标准化进行处理，其转换函数如下：

$$x^{*} = \frac{x - x_{\min}}{x_{\max} - x_{\min}} \qquad （式6-1）$$

$x^{*}$ 为 $x$ 均值化后的数据，$x_{\min}$ 为 $x$ 的最小值，$x_{\max}$ 为 $x$ 的最大值。

②灰色关联分析。

灰色关联分析能够根据系统因素的发展变化态势，衡量系统因素间的关联程度，本书3.3.1节进行了详细介绍，本章中具体计算步骤如下：

设第 $n$ 年的石油消费量原始数据进行无量纲处理后为 $X_0(n)$，则对 $n$ 年的石油消费量进行无量纲处理后生成一个参考数据列，如式6－2所示：

$$X_0 = [X_0(1), X_0(2), \cdots, X_0(n)] \quad (式6-2)$$

设影响石油消费需求的因素指标为 $i$，其中 $i \in (1,2,\cdots,m)$，经过无量纲处理后生成比较数据集，表示为：

$$X_i = [X_i(1), X_i(2), \cdots, X_i(n)] \quad i \in (1,2,\cdots,m) \quad (式6-3)$$

$X_i$ 对于 $X_0$ 在第 $K$ 点的关联系数表示为 $\xi_i(K)$，则有：

$$\xi_i(K) = \frac{\min_i \min_K |X_0(K) - X_i(K)| + \rho \max_i \max_K |X_0(K) - X_i(K)|}{|X_0(K) - X_i(K)| + \rho \max_i \max_K |X_0(K) - X_i(K)|} \quad (式6-4)$$

其中，$\rho \in [0,1]$，通常取 $\rho = 0.5$。则石油需求各影响因素与石油需求量之间的关联度 $r_i$ 可以用公式表示为：

$$r_i = \frac{1}{n}\sum_{K=1}^{n} \xi_i(K) \quad (式6-5)$$

其中，关联度 $r_i$ 的值越大，则表示比较数列与参考数列间的关联程度就越大。

## 6.3　基于灰色关联法的石油供需量影响因素分析

运用SPSSAU软件对石油消费总量与15个影响因素进行灰色关联分析，分析结果如表6－2所示。

通过灰色关联分析揭示了石油消费总量与15个影响因素之间的关联度，从石油消费量与各影响因素的灰色关联度计算结果来看，不同影响因素与石油消费总量的关联度差异明显。

表 6-2　石油消费量与各影响因素的灰色关联度

| 评价项 | 关联度 | 排名 |
|---|---|---|
| 中国人口总数（万人） | 0.44 | 15 |
| 居民消费水平 | 0.775 | 5 |
| 居民交通通信消费 | 0.7 | 8 |
| 居民汽车拥有量（100户） | 0.689 | 13 |
| 国内游客人数（百万人次） | 0.705 | 7 |
| 入境游客数（万人次） | 0.792 | 4 |
| 旅游总花费（万元） | 0.84 | 2 |
| 人均花费（万元） | 0.694 | 9 |
| 国内旅游收入（亿美元） | 0.84 | 1 |
| 国际旅游收入（亿元） | 0.693 | 10 |
| 国际旅游收入（长途交通）（亿美元） | 0.69 | 11 |
| 国际旅游（汽车）（亿美元） | 0.689 | 14 |
| 国际旅游（民航）（亿美元） | 0.69 | 12 |
| 居民生活用油（万桶） | 0.714 | 6 |
| 交通运输的石油消耗量 | 0.802 | 3 |

①最高关联度因素

国内旅游收入和旅游总花费的关联度均为0.84，排名前两位。这说明旅游业的发展对石油消费的拉动作用非常显著，尤其是与国内旅游相关的经济活动（例如交通、住宿、娱乐等）对石油需求产生了直接和深远的影响。交通运输的石油消耗量的关联度为0.802，排名第三，显示交通运输行业的燃油需求是石油消费的另一大核心驱动力。

②较高关联度因素

入境游客数与石油消费量的关联度为0.792，居民消费水平的关联度为0.775，分列第四、第五，表明入境游客带来的国际旅游活动和居民消费能力的提高都能显著带动石油消费，特别是在交通与旅游相关领域。而居民生活用油的关联度为0.714，国内游客人数的关联度为0.705，也与石油消费量表现出较高的关联性，表明日常生活中对石油产品的需求，以及国内旅游市场的繁荣，均为石油消费的重要推动力。

③较低关联度因素

人均花费与石油消费量的关联度为0.694，与国际旅游收入的关联度为0.693，与国际旅游相关交通的关联度均较低，说明虽然国际旅游收入与石油消费存在一定关系，但其影响力相较于国内旅游显得稍弱。中国人口总数与石油消费量的关联度最低为0.44，这表明中国人口的增减对石油消费总量的直接影响有限，可能因为石油消费更多受到产业结构、消费方式和交通能源技术发展的影响，而非单纯的人口变化。

通过分析发现，将影响石油消费的因素归纳旅游业相关因素、交通运输相关因素和居民经济水平三大主要类别。国内旅游收入、旅游总花费、国内游客人数等旅游相关因素占据前列，显示旅游业对石油消费有直接且显著的拉动作用。虽然国际旅游收入和交通相关因素排名稍靠后，但其仍具有重要影响，尤其是民航和汽车交通的石油需求。交通运输的石油消耗量和居民交通通信消费支出排名较高，表明石油消费主要集中在交通领域。居民消费水平作为第五位的影响因素，反映出经济增长和居民生活质量的提高对石油需求有间接推动作用。

通过灰色关联度分析表明，影响石油消费的主要因素与旅游业和交通运输密切相关，而人口总量对石油需求的影响相对较小。通过灰色关联分析明确了各因素对石油消费总量的影响大小，为石油需求预测提供了科学依据。同时，关联度排名揭示了旅游业和交通运输是石油消费的主要驱动力，而人口总量影响最小。这些发现对制定能源政策、优化资源配置具有重要的参考价值。

## 6.4 基于深度神经网络的石油需求预测分析

### 6.4.1 神经网络预测结果分析

根据神经网络模型的工作原理，采用 MatlabR2016b 软件，以国内旅游收入、旅游总花费、交通运输的石油消耗量等 15 个影响因素作为输入样本，以石油消费总量作为输出样本。以 2000—2018 年石油消费数据为样本，将数据集分为训练集、验证集和测试集，其中 70% 的样本作为训练集，15% 的样本为验证集，15% 的数据为测试集，采用级联前向神经网络（Cascade Forward Neural Network）、前馈反向传播神经网络（Feedforward Backpropagation Neural Network）、Elman 递归神经网络（Elman Recurrent Neural Network）、循环神经网络（Recurrent Neural Network）四种神经网络模型对石油需求进行预测。

（1）预测模型拟合优度分析

通过对 2000—2018 年石油消费量影响因素数据进行反复试验。由于神经网络隐藏层不同层数时，测试集与验证集准确率的变化，最终确定神经网络隐藏层的层数为 10；输入层为 15 个输入变量，输出变量为 1，输出神经元为 3 个，学习速率值为 0.1，训练要求精度值为 0.00001，最大训练次数为 100。使用 MATLAB 进行神经网络进行训练之后，Cascade - forward 和 Feed - forward backprop 模型的回归结果如图 6 - 1 所示。

可以看出两种模型的目标值和输出结果基本上在同一个直线上表

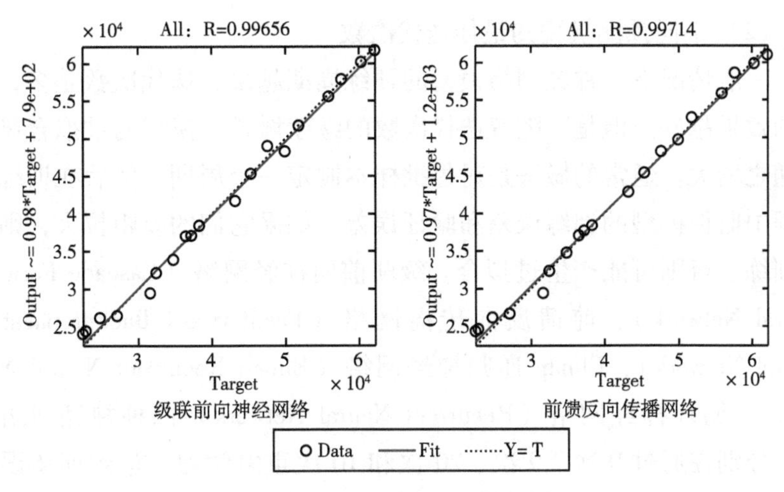


**图6-1　预测模型拟合优度**

明，训练结果比较好。横轴（Target）表示实际目标值（预测的真实值）；纵轴（Output）表示模型的预测输出值；散点（Data）每个点代表模型在某个样本上的预测值与目标值；直线（Fit）模型拟合的线性关系，即预测值与目标值的关系。虚线（Y = T）目标值等于输出值的标准线，代表理想情况下的预测结果。

R为决定系数，也称拟合优度，表示一个随机变量与多个随机变量关系的数字特征，用来反映回归模式说明因变量变化可靠程度的一个统计指标。决定系数（R）是衡量模型拟合程度的关键指标。当R越接近1时，表示相关的方程式参考价值越高；相反，越接近0时，表示参考价值越低。如图6-1所示，Cascade - forward 和 Feed - forward backprop 模型神经网络模型在训练集、验证集和测试集上的拟合优度分别为0.99656和0.99714，两种模型的输出值几乎完全落在理想线（Y = T）上，说明它们对目标值的预测误差非常小，表明石油需求预测约有99.6%以上可由选取的15个因素来说明或决定。

从预测结果来看，模型对石油消费需求预测具有极高的准确性和可靠性，前馈反向传播网络略优于级联前向网络，选取的15个变量对石油需求的解释力极强，模型的应用价值显著。尽管拟合度非常高，但需要注意模型可能存在的过拟合风险。本书通过进一步分析模型的训练误差和验证误差进行分析。

（2）不同预测模型的最佳迭代次数

一般情况下，神经网络模型的训练周期越多，迭代次数越多，模型的效果越好。但是，随着迭代次数的继续增长，模型的过拟合风险也随之增大。通常的做法是对每批样本制定一个周期，然后在训练的过程中监控模型的训练误差和验证误差，如果它们的差距拉大，则停止训练，否则可能产生过拟合。级联前向神经网络（Cascade Forward Neural Network）、前馈反向传播网络（Feedforward Backpropagation Neural Network）、Elman 递归神经网络（Elman Recurrent Neural Network）、循环神经网络（Recurrent Neural Network）四种神经网络模型，分别在通过 9 次、9 次、20 次和 10 次重复学习，达到期望误差后则完成学习，如图 6－2 所示。

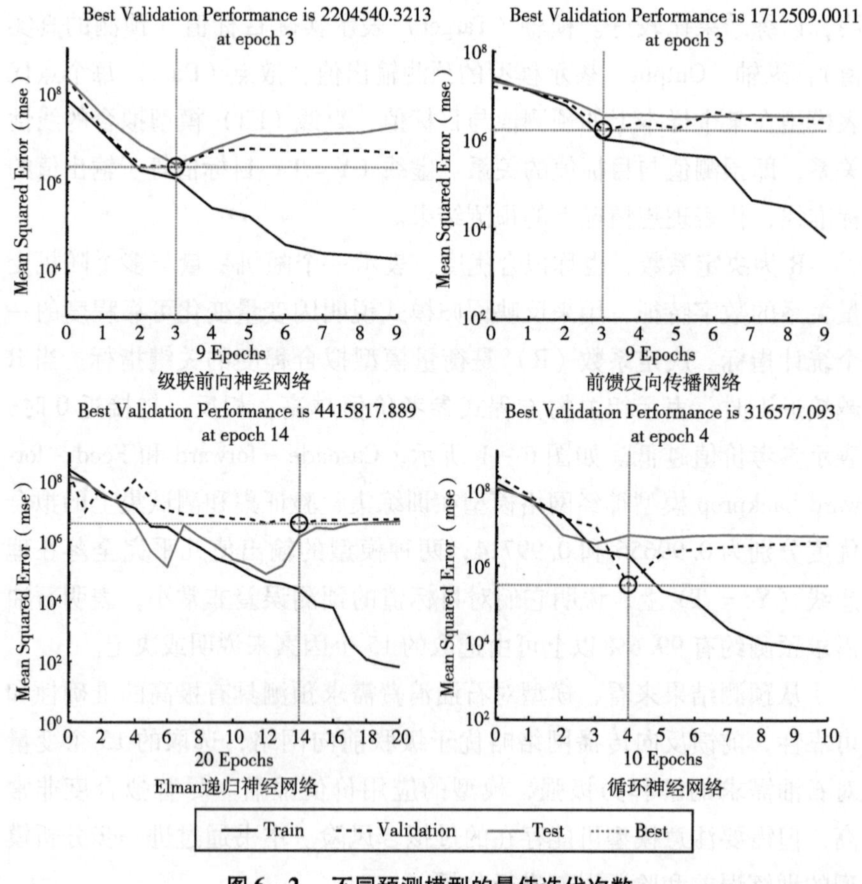


图 6－2　不同预测模型的最佳迭代次数

级联前向神经网络（Cascade Forward Neural Network，CFNN）、前馈反向传播神经网络（Feedforward Backpropagation Neural Network，FBNN）、Elman递归神经网络（Elman Recurrent Neural Network）、循环神经网络（Recurrent Neural Network，RNN）四种神经网络模型的训练过程与验证性能比较。每个模型的性能通过均方误差（Mean Squared Error，MSE）衡量，纵轴表示MSE，横轴表示迭代次数（Epoch）。蓝色、绿色和红色曲线分别表示模型在训练集、验证集和测试集上的表现，用不同颜色的曲线进行区分。

从训练和验证性能来看，级联前向神经网络经过3次迭代达到最佳验证性能，MSE值为2204540.3213，总体表现较为稳定，训练误差逐步降低，且验证误差曲线较早趋于稳定。但是随着训练次数增加，验证集和训练集的误差逐渐收敛，但过早停止可能影响泛化能力。前馈反向传播神经网络同样经过3次迭代验证集的MSE达到最佳值1712509.0011，验证误差曲线与训练误差曲线走势接近，说明模型较为平衡，过拟合风险较小。从曲线来看，训练集和验证集的MSE下降速度较快，说明其在初期能迅速学习规律。Elman递归神经网络表现出较大的波动，验证误差在第14个周期达到最低值4415817.889，需要20次迭代才能达到最佳性能，验证误差的收敛速度较慢。验证集的MSE曲线波动较大，表明模型对数据的适应能力相对较弱，可能对超参数敏感。循环神经网络4次迭代后，模型表现最佳，验证MSE值为316577.093。该模型表现出较好的稳定性，验证和训练误差之间的间隔较小，说明其对时序数据的适应性较强。在第4次迭代时验证集的MSE达到最低值，并显著低于其他模型在相同迭代次数下的MSE。该模型验证误差曲线迅速下降后趋于稳定，说明该模型能够较快捕捉数据特征。

从过拟合角度进行分析，级联前向神经网络和前馈反向传播神经网络在超过3次的迭代后，表现出验证误差和训练误差逐渐增大的趋势，可能出现过拟合现象。而Elman递归神经网络和循环神经网络在训练后期的验证误差趋于稳定，且与训练误差的差距较小，表明这些模型对复杂数据的泛化能力较强。

从验证误差的最佳性能来看，循环神经网络在第4次迭代时表现最佳，具有最小的MSE值，说明其在短期内能够更好地预测数据。而级联前向神经网络和前馈反向传播神经网络在前几次迭代的表现接近，验证误差也较低，表明这两种模型在高效性和性能方面表现优秀。Elman递归神经网络的验证误差收敛较慢且波动较大，适合长时间训练，但短期性能不如其他模型。

从综合性能评估来看，实验中循环神经网络的验证集性能最优，其最小MSE显著优于其他模型，尤其适用于时序数据的预测。级联前向神经网络和前馈反向传播神经网络尽管表现出较快的收敛速度，但泛化性能略逊于循环神经网络模型。Elman递归神经网络虽然最终验证MSE较高，但对时间序列的学习能力具有一定潜力，可通过调整模型结构和优化参数进一步改进。

（3）不同预测模型的预测结果

从2000年至2018年，实际石油消费量总体呈现逐年增长的趋势。2000年为22439.3万桶，到2018年增长至62245万桶，增长近3倍，增长速度较为平稳。运用级联前向神经网络（Cascade Forward Neural Network，CFNN）、前馈反向传播神经网络（Feedforward Back-propagation Neural Network，FBN）、Elman递归神经网络（Elman Recurrent Neural Network）、循环神经网络（Recurrent Neural Network）四种神经网络模型对石油需求进行预测，得到2000—2018年四种神经网络模型的预测值，以及模型的预测值与实际值的差值，如表6-3所示。

从四种模型的预测准确程度来看，2000—2004年相比其他年份，四种预测模型的预测值与实际值差距相对较大。2000年，我国石油实际消费量为22439.3万桶，使用Elman递归神经网络模型预测值为23970.64万桶，预测值最接近真实值，差值为244万桶；使用级联前向神经网络模型的预测值与实际值差距最大，为1531.34万桶。以2001年为例，循环神经网络模型的预测值与实际值的差距仅为20.97万桶，偏离值与实际值比率，即误差率仅为0.092%，而级联前向神经网络和前馈反向传播神经网络模型预测值与实际值的差距分别为

**表6-3　　不同神经网络预测模型的石油需求预测结果**

| 年份 | 实际消费量（万桶） | 级联前向神经网络预测值 | 前馈反向传播神经网络预测值 | Elman递归神经网络预测值 | 循环神经网络预测值 | 级联前向神经网络 $\|y_i - \hat{y}_i\|$ | 前馈反向传播神经网络 $\|y_i - \hat{y}_i\|$ | Elman递归神经网络 $\|y_i - \hat{y}_i\|$ | 循环神经网络 $\|y_i - \hat{y}_i\|$ |
|---|---|---|---|---|---|---|---|---|---|
| 2000 | 22439.3 | 23970.64 | 24290.76 | 22683.3 | 22974.77 | 1531.34 | 1851.46 | 244.00 | 535.47 |
| 2001 | 22838.3 | 25550.72 | 24648.02 | 22456.24 | 22859.27 | 2712.42 | 1809.72 | 382.06 | 20.97 |
| 2002 | 24779.8 | 27563.55 | 25217.79 | 22469.47 | 23560.24 | 2783.75 | 437.99 | 2310.33 | 1219.56 |
| 2003 | 27126.1 | 26357.26 | 26609.2 | 25242.98 | 27049.17 | 768.84 | 516.90 | 1883.12 | 76.93 |
| 2004 | 31699.9 | 29378.54 | 29335.33 | 31199.26 | 31285.7 | 2321.36 | 2364.57 | 500.64 | 414.20 |
| 2005 | 32535.4 | 32064.72 | 32258.6 | 33168.02 | 33166.84 | 470.68 | 276.80 | 632.62 | 631.44 |
| 2006 | 34875.9 | 33819.13 | 34661.37 | 34057.93 | 36071.73 | 1056.77 | 214.53 | 817.97 | 1195.83 |
| 2007 | 36570.1 | 36960.3 | 36946.93 | 35373.9 | 36406.27 | 390.20 | 376.83 | 1196.20 | 163.83 |
| 2008 | 37302.9 | 37019.43 | 37610.27 | 36496.9 | 37489.8 | 283.47 | 307.37 | 806.00 | 186.90 |
| 2009 | 38384.5 | 38378.16 | 38298.23 | 37639.72 | 39198.11 | 6.34 | 86.27 | 744.78 | 813.61 |
| 2010 | 43245.2 | 41641.37 | 42731.67 | 40991.32 | 43304.78 | 1603.83 | 513.53 | 2253.88 | 59.58 |
| 2011 | 45378.5 | 45242.7 | 45266.45 | 45107.95 | 45410.96 | 135.80 | 112.05 | 270.55 | 32.46 |
| 2012 | 47650.5 | 48917.05 | 48098.06 | 47448.69 | 47633.9 | 1266.55 | 447.56 | 201.81 | 16.60 |
| 2013 | 49993.9 | 48206.93 | 49637.19 | 49619.69 | 50078.01 | 1786.97 | 356.71 | 374.21 | 84.11 |
| 2014 | 51859 | 51628.86 | 52583.2 | 53464.36 | 51844.53 | 230.14 | 724.20 | 1605.36 | 14.47 |
| 2015 | 55960 | 55520.85 | 55785.93 | 55889.38 | 55905.84 | 439.15 | 174.07 | 70.62 | 54.16 |
| 2016 | 57693 | 57827.42 | 58540.88 | 57577.33 | 57845.11 | 134.42 | 847.88 | 115.67 | 152.11 |
| 2017 | 60396 | 60103.91 | 59802.08 | 60268.24 | 60257.17 | 292.09 | 593.92 | 127.76 | 138.83 |
| 2018 | 62245 | 61676.14 | 60959.58 | 62166.02 | 62077.47 | 568.86 | 1285.42 | 78.98 | 167.53 |

2712.42 万桶和 1809.72 万桶，偏差较大。2010—2015 年，循环神经网络模型比其他三种模型的预测值最接近真实值，与真实的差值分别为 59.58 万桶、32.46 万桶、16.6 万桶、84.11 万桶、14.47 万桶、54.16 万桶，具有最佳的预测性能和表现，其误差率均低于0.17%，具有较好的预测效果。实验结果表明，四种预测方法的预测值与接近于实际值，表明四种模型均具有较好的回归结果，达到较好的预测效果。

从误差范围来看，级联前向神经网络在 2000—2004 年的误差较大，最高达到 2783.75（2002 年），而 2005 年后，模型误差有所收敛，多数年份误差低于 1000。前馈反向传播神经网络的误差分布较稳定，绝对值在 100 至 1500 之间。Elman 递归神经网络误差波动较大，尤其在 2002 年和 2010 年出现大幅偏差，误差分别为 2310.33 和 2253.88。循环神经网络误差普遍较小，尤其在 2011—2015 年，表现最为出色，多数误差低于 100。

从模型总体表现，级联前向神经网络早期表现较差，但后期逐渐稳定；但对非线性特性数据拟合能力稍弱，误差收敛较慢。前馈反向传播神经网络预测结果较为稳定，没有出现极端偏差；但对快速增长或波动的年份敏感性略低。Elman 递归神经网络在部分年份误差很小；但对复杂的时间序列表现不够稳健，误差波动较大。循环神经网络综合表现最好，尤其在后期能够很好地捕捉实际数据的变化，少数年份预测偏差稍大。

为更加直观地比较不同模型预测值与目标值之间的差异，将预测值与实际值之间的差值取绝对值，比较不同模型的预测值与实际值的差异程度，画出真实结果与使用神经网络预测结果的对比图，如图 6－3 所示。

从四种模型的波动程度来看，从 2000—2018 年预测数据来看，级联前向神经网络整体预测值与实际值偏离程度最大，最大偏离值为 2783.75 万桶，误差率为 11.23%，其 2009 年该模型预测值与实际值最为接近，差距为 6.34 万桶，误差率仅为 0.017%，不同的年份，模型预测值与实际值的偏差值波动幅度大，结果表明级联前向神经网络模型的预测稳定性较差。如图 6－3 所示，2006 年循环神经网络模型

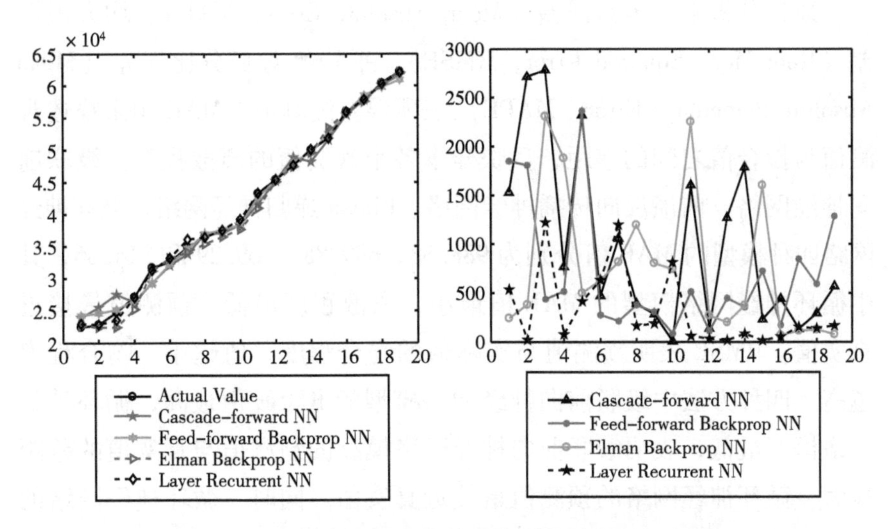


**图 6－3　不同神经网络预测模型的石油需求预测结果**

预测值与实际值的差距最大为 1219.56，2014 年模型预测值与实际值的差距最大为 14.47，该模型在四种模型中波动幅度最小，预测稳定性优于级联前向神经网络，前馈反向传播神经网络，Elman 递归神经网络预测模型。

## 6.4.2　精度检验及误差分析

计算四种神经网络预测方法的平均绝对误差（Mean Absolute Error，MAE），均方根误差（Root Mean Squared Error，RMSE），平均绝对百分比误差（Mean Absolute Percentage Error，MAPE）三项误差测算值，检验和评估的性能和表现。四种预测方法的统计误差，如表 6－4 所示。

**表 6－4　　不同神经网络预测方法的统计误差**

| 模型/检验标准 | MAE | RMSE | MAPE |
|---|---|---|---|
| Cascade－forward NN | 988.58 | 1319.15 | 3.13% |
| Feed－forwardBackprop NN | 699.88 | 945.97 | 2.07% |
| Elman Backprop NN | 769.29 | 1051.23 | 2.26% |
| Recurrent NN | 314.66 | 491.51 | 1.02% |

通过分析平均绝对误差（Mean Absolute Error，MAE）、均方根误差（Root Mean Squared Error，RMSE）、平均绝对百分比误差（Mean Absolute Percentage Error，MAPE）三项误差测算值。MAE 用来描述观测值与拟合值之间的差距，反映样本各个观测值的离散程度。级联前向神经网络、前馈反向传播神经网络、Elman 递归神经网络、循环神经网络四种模型的 MAE 值分别为 988.58、699.88、769.29 和 314.66，其中循环神经网络模型的 MAE 值最小，离散程度最低，预测值最接近真实值。RMSE 表明预测值与实际值的吻合程度，值越小，吻合程度越高，四种方法中级联前向神经网络模型的 RMSE 值最高，循环神经网络模型最低，表明级联前向神经网络模型的预测值与真实值的差距最大，循环神经网络的预测值最接近真实值。同时，循环神经网络的 MAPE 平均绝对百分比误差最低。结果表明，四种预测方法中，循环神经网络模型的 MAE、RMSE、MAPE 值均为最小，表明循环神经网络模型比其他三种预测方法预测精度更高，具有更强的性能和表现。在模型实际应用过程中，循环神经网络模型预测准确率更高，具有更强的稳健性和推广价值。

## 6.5 本章小结

石油对保障国家能源安全和经济发展发挥着重要作用，各国对石油需求实证研究日益关注，需求预测方法涉及不同形式的模型和估算方法。本书从全域旅游的视角出发，对石油消费需求进行预测。通过分析筛选出石油消费量的影响因素，以 2000—2018 年中国石油消费量和影响因素的实证数据集为案例，通过灰色关联分析、级联前向神经网络、前馈反向传播神经网络、Elman 递归神经网络、循环神经网络等技术方法，对石油消费预期进行预测。

本书从全域旅游的视角出发，提出了影响石油消费需求的影响因素，并通过灰色关联分析方法考察筛选的影响因素与石油需求之间的关联度，结果表明，国内旅游收入、居民旅游总花费、交通运输的石油消耗量与石油需求的关联度最强，分别为0.84/0.84和0.802。而中国人口总数与石油消费需求的关联度最低，为0.44，表明人口的增减对石油消费需求的影响程度低。

以2000—2018年，中国统计年鉴中的中国内游客人数、入境游客人数、国内旅游总花费等15个石油需求影响因素数据为案例集，运用级联前向神经网络、前馈反向传播神经网络、Elman递归神经网络、循环神经网络模型，对石油需求进行预测，并运用平均绝对误差、均方根误差、平均绝对百分比误差三项误差指标检验评估四种神经网络方法预测的有效性。实验结果表明，运用循环神经网络预测方法优于其他三种神经网络预测方法，预测准确率更高和稳定性更强，具有最佳的性能和表现。

# 第7章　我国能源贸易结构安全分析

石油是国家重要的战略性资源，石油贸易结构关系到国家石油安全。本书从石油品种的角度出发，采用进口集中度、香农熵指数和贸易结构定量评估方法，对2017—2021年石油原油、车用汽油和航空汽油、石脑油、航空煤油、5－7号燃料油、未煅烧的石油焦和石油沥青7种石油品种的进口格局及其贸易结构安全性进行分析。研究发现：我国石油进口的大规模、进口格局多元化趋势明显。石油各品种的主要进口国较为稳定，石油原油的结构安全性程度最高。除原油品种以外，其他石油品种的进口结构均属于高集中寡占型或极高寡占型，进口结果的安全性程度低，且有下滑趋势。通过贸易结构预警测算，增加协同增长区贸易伙伴数量和交易比例，减少反向抑制区贸易伙伴数量和交易比例，可优化中国石油品种的进口结构。

## 7.1　我国能源贸易结构安全问题的提出

石油是国家重要的战略性资源，石油关系到国家安全、社会经济和可持续发展。由于世界石油资源空间分布不均衡，资源禀赋差异下的供需错位导致石油供需矛盾长期存在[124]，石油供需双方贸易往来日益增强。

自1993年开始，我国石油进口量大于出口量，成为石油净进口国家。2015年，我国石油消费量为5.78亿吨，占世界石油消费总量的13.3%[115]。2016年我国超过美国，成为世界上最大的石油进口国。近年来，我国国内GDP保持在6%左右的速度增长，经济的快速增长加大了对石油需求的依赖。数据显示，2020年进口的石油约为6.17亿吨[126]。与此同时，我国石油产量增速则较低，仅为2%左右[127]。我国石油消费需求的大量增长和有限的国内石油供应，造成我国对石油进口的需求加强，对外进口依存度超过70%，远高于国际能源署对原油进口依存度设置的警戒线[34]。

石油价格暴涨暴跌对中国经济的冲击风险不断叠加。2020年年初，新冠疫情暴发引发全球经济大规模封锁，石油消费国进口需求大幅下降。尽管OPEC+等主要石油出口地区采取了减产措施，但国际石油市场的供需结构性失衡仍未得到缓解，导致油价跌至历史低点。2021年各主要经济体经济缓慢复苏拉动国际石油消费，叠加主要产油区2020年削减石油产量，石油短期供应低于实际需求，导致国际油价持续上扬。同时，石油供给国内部政治和社会动荡、国际石油禁运和制裁、关键输送通道受阻、地缘关系紧张以及重大自然灾害如地震、海啸和飓风对产油设施的破坏等突发自然灾害事件均造成国际油价的波动[128]。

关于石油贸易安全问题，学术界主要开展了一下几个方面的研究：一是石油运输安全、石油运输通道[129]、远洋运输[130],[131]、运输通道开发[132],[133]等方面，对石油进口通道的安全及格局问题展开研究。二是油价和汇率安全，通过优化组合投资策略，降低油价和汇率波动风险[134],[135]，该方面研究从金融的视角出发，将金融资产配置、汇率结算与石油贸易结合研究，取得一系列进展。三是石油贸易安全的评价研究。通过建立石油安全评价指标体系，对石油供应安全性进行分析，如渠立权等[136]从资源安全指数、资源供给安全指数、经济支付安全指数、地缘安全指数和运输安全等方面进行石油安全评价；

吕涛等[137]从石油储采比、石油对外依存度和石油储备水平对我国石油贸易安全性进行分析，此外，常用的石油安全研究方法包括，石油脆弱性指标[138]、潜在风险指标[139]、多元化指标[140]等。综上所述，已有的石油安全研究已经取得了一系列成果，但是相关研究主要集中在石油进口风险的影响因素分析。石油运输、油价、汇率、供应国政治风险等因素都是不可控因素，如何从国家可控因素入手，降低石油安全风险值得探讨。

近年来，学者们开始探讨石油时空安全格局问题，鄢继尧等[96]运用空间分析方法刻画我国原油进口贸易时空格局演变特征。程中海等[124]通过分析1993—2016年中国石油进出口贸易数据，刻画了中国石油进口贸易的空间格局图景。刘立涛等[64]从资源流动的视角出发，借助复杂网络方法，定量刻画1993—2015年中国石油资源供应网络和时空格局变化趋势等。已有的研究为石油安全分析提供了新思路，但是大多分析了单一的原油产品，未对与此相关的成本油、航空煤油、燃料油等相关产品进行分析，尚未有文献从进出口贸易结构视角探讨我国石油贸易安全性问题。

本书拟基于2017—2021年中国海关数据，以中国大陆及石油贸易伙伴国为空间主体，以石油原油、车用汽油和航空汽油、石脑油、航空煤油、5－7号燃料油、未煅烧的石油焦和石油沥青7种交易品为对象，提出石油进出口贸易结构安全评估方法，全面探讨我国近年来7种产品的时空格局及其贸易结构演变，评估石油贸易结构安全水平，为国家石油贸易安全战略提供决策支持。

## 7.2　海关大数据获取与数据处理方法

### 7.2.1　海关大数据获取来源

本章数据来源于中国海关大数据和中国统计年鉴。2017—2021年中国石油原油、车用汽油和航空汽油、石脑油、航空煤油、5－7号燃料油、未煅烧的石油焦和石油沥青进口量数据来源于中国海关数据，其中 2021 年数据为本年前三个季度（1－9 月）的进口总量。中国石油进（出）总量来源于中国统计年鉴。以 2019 年为例，中国统计年鉴数据显示中国石油进口量为 58102 万吨，中国石油生产量为 19101 万吨，中国石油出口量仅为 8211 万吨。该“石油”数据包括原油及原油经过加工炼制的各种产品，包括汽油、煤油、柴油、燃料油、润滑油、石脑油、石油沥青及其他石油制品等。

由于中国石油产需差距较大，进口依存度高，因此本书主要对中国石油进口格局及结构安全性展开研究。为了使结果清晰简明，对数据进行预处理，筛除那些占中国石油进口品种总量比例低于 1‰的贸易伙伴国。

### 7.2.2　海关大数据处理方法

运用本书 3.4.3 节中贸易结构安全性测算方法，采用集中度、香农熵指数和进口国家均质度进行我国能源贸易结构安全性分析。

（1）进口集中度

进口集中度通常是通过计算排名前列的国家或地区在中国石油品种进口总量中所占的比例来衡量的。$\tau_{ij}$ 为中国对 $j$ 国第 $i$ 种石油的进口量，$\sum_{j=1}^{N}\tau_{ij}$ 为当年中国第 $i$ 种石油的进口总量。则进口集中度可表示为：

$$CR_P = \sum_{j=1}^{P} \frac{\tau_{ij}}{\sum_{j=1}^{N}\tau_{ij}} \qquad (式 7-1)$$

当 $p=4$ 时，表示中国石油品种进口量排名前四的国家或地区的进口量之和占总进口量的比例。借鉴贝恩对市场结构类型的划分[111],[129]，将中国石油进口结构分为 6 个类型。

将石油贸易结构划分为 6 个安全等级，从Ⅰ级（极高寡占型）到Ⅵ级（竞争性），表示从高度集中到完全竞争的不同贸易结构类型。“$CR_4$”和“$CR_8$”是关键的衡量指标。$CR_4$ 指前四大供应商的市场份额总和（Concentration Ratio for the Top 4 Suppliers）。数值越大，市场越集中。$CR_8$ 指前八大供应商的市场份额总和（Concentration Ratio for the Top 8 Suppliers）。相比 $CR_4$，$CR_8$ 能反映更多供应商对市场的影响，如表 7 - 1 所示。

表 7 - 1　　石油贸易结构安全等级划分

| 级别 | 取值范围 | 集中程度 |
| --- | --- | --- |
| Ⅰ | $CR_4 \geq 0.75$ | 极高寡占型 |
| Ⅱ | $0.65 \leq CR_4 < 0.75; CR_8 \geq 0.85$ | 高集中寡占型 |
| Ⅲ | $0.5 \leq CR_4 < 0.65; 0.75 \leq CR_8 < 0.85$ | 中上集中寡占型 |
| Ⅳ | $0.35 \leq CR_4 < 0.5; 0.45 \leq CR_8 < 0.75$ | 中下集中寡占型 |
| Ⅴ | $0.3 \leq CR_4 < 0.35; 0.4 \leq CR_8 < 0.45$ | 低集中寡占型 |
| Ⅵ | $CR_4 < 0.3; CR_8 < 0.4$ | 竞争性 |

极高寡占型和高集中寡占型，对应的安全等级较低（Ⅰ或Ⅱ级），需要优化进口结构，多元化供应，避免过度依赖单一国家或地区，以降低风险。中上集中寡占型和中下集中寡占型，需要通过进一步国际合作，提升稳定性和灵活性。低集中寡占型和竞争型具有较高的安全等级（Ⅴ或Ⅵ级），但可能面临管理复杂性增加等问题。

（2）香农熵指数

香农熵指数（Shannon Entropy Index），由信息论的创始人 Shannon 于 1948 年提出，用于度量系统内部的不确定性和差异性。该指标在国际上被普遍用于评估进出口贸易在地理空间上的集中或分散程度，其数值越高，意味着贸易伙伴的分布更加广泛、均衡，从而具有更强的抗干扰能力。参考刘立涛等的研究，以香农熵指数为基础，构建中国第 $i$ 种石油进口贸易结构安全性测度指数 $S_i$，其计算公式如下：

$$S_i = -\sum_{j=1}^{N}\left(\frac{\tau_{ij}}{\sum_{j=1}^{N}\tau_{ij}}\right)\times \ln\left(\frac{\tau_{ij}}{\sum_{j=1}^{N}\tau_{ij}}\right) \qquad (式 7-2)$$

其中，$\tau_{ij}$ 为中国对 $j$ 国第 $i$ 种石油的进口量，$\sum_{j=1}^{N}\tau_{ij}$ 为当年中国第 $i$ 种石油的进口总量。当 $\frac{\tau_{ij}}{\sum_{j=1}^{N}\tau_{ij}}$ 的不确定程度越大，$S_i$ 值越大，第 $i$ 种石

油贸易网络结构安全程度越高；反之 $S_i$ 值就越小，第 $i$ 种石油贸易网络结构安全程度越低。

当 $\frac{\tau_{i1}}{\sum_{j=1}^{N}\tau_{ij}} = \frac{\tau_{i2}}{\sum_{j=1}^{N}\tau_{ij}} = \cdots \frac{\tau_{iN}}{\sum_{j=1}^{N}\tau_{ij}} = \frac{1}{N}$ 时，$S_i$ 取最大值 $\ln N$，此时中国与石油贸易伙伴国家之间的交易达到最佳均衡状态，石油贸易结构安全程度最高。从理论上讲，$N$ 值越大，意味着中国的石油贸易伙伴数量越多，中国从各国进口的石油量越趋于均衡，这有助于提升石油贸易结构的安全性。然而，现实情况是，全球范围内仅有少数国家具备大规模的石油出口能力，因此我国某些石油品种的进口实际上高度集中于这几个国家。

（3）贸易结构的预警测算

上述式 7－2 虽然能有效评判不同石油品种贸易网络的整体安全性，但是无法识别不同贸易伙伴对贸易结构安全性的影响。因此，本书进一步根据第 $j$ 个国家第 $i$ 种石油品种进口均质度 $f(x_{ij})$，进行贸易结构安全预警分析。单个进口国家均质度计算公式如下：

$$f(x_{ij}) = -x_{ij}\ln x_{ij}, x_{ij} = \frac{\tau_{ij}}{\sum_{j=1}^{N}\tau_{ij}} \qquad (式 7-3)$$

中国已成为当前全球最大的石油进口国，因此文章重点对石油品种进口贸易进行安全预警分析。具体而言，当 $\tau_{ij}$ 为进口量时，均质度可以用来进行进口贸易结构安全预警分析；当 $\tau_{ij}$ 为出口量时，均质度可用来进行出口贸易结构安全预警分析。对第 $i$ 种能源而言，中国对所有 $N$ 个国家的进（出）口份额之和等于 1，即 $\sum_{j=1}^{N} x_{ij} = 1$。根据公式中函数的性质，$f(x_{ij})$ 的函数曲线呈倒“U”型，当 $x_{ij} = 1/e$ 时，第 $j$ 个国家第 $i$ 种石油的进（出）口均质度最高值为 $1/e$。当 $x \in (0,1/e)$ 时，$f(x_{ij})$ 单调递增，即中国对其他国家的粮食进出口份额位于该区间时，具有协同增长潜力。当 $x \in (1/e,1)$ 时，$f(x)$ 单调递减，即中国对其他国家的粮食进出口份额位于该区间时，具有反向抑制潜力，需要作出安全预警。单个贸易伙伴对贸易结构安全程度的影响区间划分如表 7 – 2 所示。

表 7 – 2　单个贸易伙伴对贸易结构安全程度的影响区间划分

| $x$ 的定义域 | $0 < x < 1/e$ | $x = 1/e$ | $1/e < x < 1$ | $x = 1$ |
| --- | --- | --- | --- | --- |
| $f(x)$ 的值的域<br>区间划分 | $(0,1/e)$<br>协同增长区 | $1/e$<br>效用最高点 | $(1/e,1)$<br>反向抑制区 | 0<br>效用最低点 |

## 7.3　中国石油贸易的格局演变分析

中国是石油消费大国。《中国统计年鉴》数据显示，2014 年，中国石油进口量为 36180 万吨，2016 年中国成为世界上最大的石油进口国，近年石油进口量逐年上升，石油对外的依存度逐年增高。2020 年年初受到新冠病毒的冲击，在油价暴跌和炼油产能扩张的背景下，中国经济逐渐从新冠疫情中恢复过来，石油需求回升。从石油进口的环比增长率来看，石油进口的增速放缓，2020 年石油较 2019 年增长了约 7.4%，2020 年进口量为 61790 万吨。如图 7 – 1 所示，红色表示石油进口量，蓝色表示石油生产量，黄色表示石油出口量。

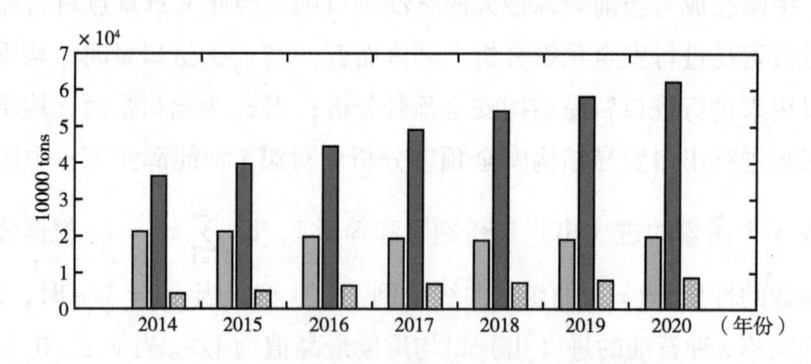


图 7 – 1　2014—2020 年中国石油贸易格局演变

近年来，中国国内原油产量增速缓慢，甚至出现下降，年增长率仅为 0.84%[141]。2014 年国内石油生产量为 21143 万吨，为历年最高；2018 年国内石油生产量为 18932 万吨，为历年最低；2020 年中国国内石油生产量为19492万吨。中国石油出口逐年小幅度上升，2014年石油出口量为4214万吨，出口量绝对值出现增长趋势，但环比增长率下降。因此，本书重点分析中国石油进口格局及结构安全性。

本书以2017—2021年石油原油、车用汽油和航空汽油、石脑油、航空煤油、5-7号燃料油、未煅烧的石油焦、石油沥青7种交易品为对象，分析7种产品的贸易伙伴的贸易格局演变。本书中2021年数据为本年前三个季度（1—9月）的进口总量，如图7-2所示。

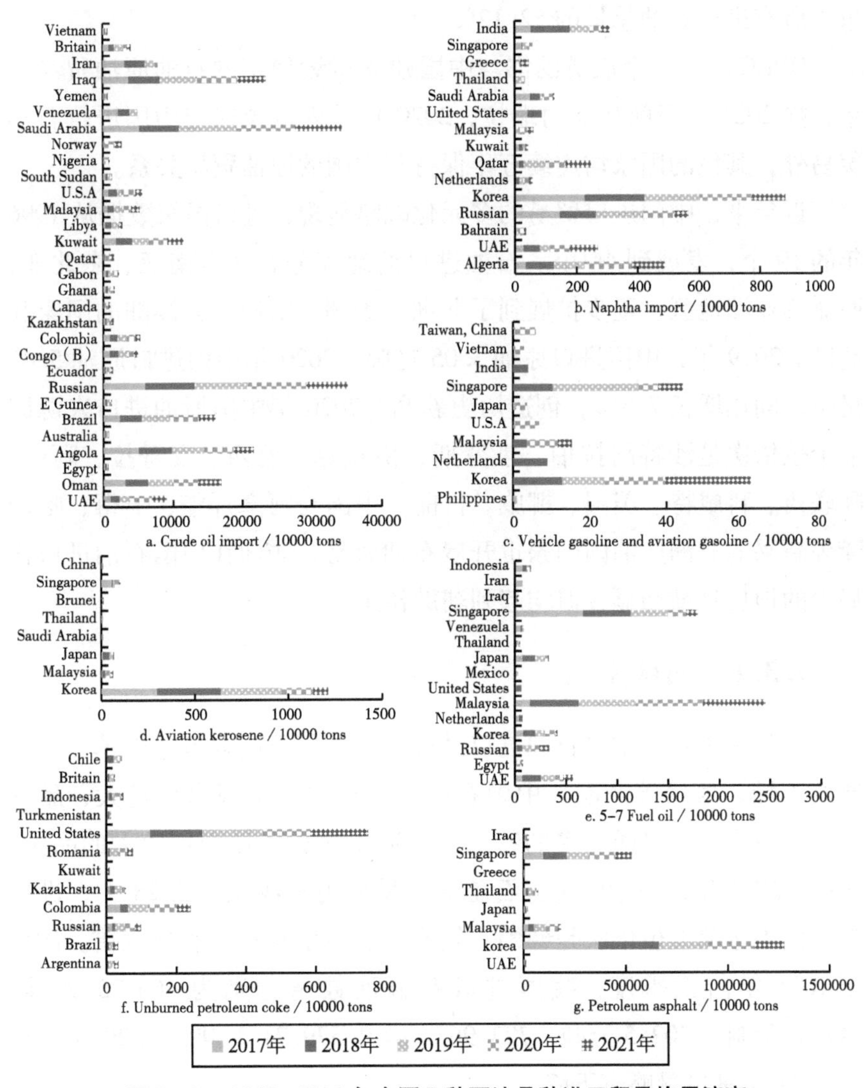


**图7-2　2017—2021年中国7种石油品种进口贸易格局演变**

### 7.3.1 石油原油

根据海关总署公布的数据显示，近五年来，中国的石油进口贸易伙伴多达46个，石油进口贸易的交易国，不仅包括石油输出国组织，还包括新兴的石油生产国和输出国。OPEC国家仍然是中国石油进口的主要国家。OPEC成员国中，出口中国的石油量排名前三位的依次为沙特阿拉伯、伊拉克、安哥拉。近五年来，OPEC成员国进口石油量占所有进口石油总量的52.12%。

OPEC的十三个成员国都与中国建立持续稳定的石油原油贸易关系，除2021年伊朗和委内瑞拉，2020年委内瑞拉未与中国进行石油贸易外，其他的国家均连续五年保持与中国的原油贸易关系。

近年来，中国进口贸易的多元化战略显现，进口国家数据从1996年的19个，发展到46个。石油进口的地理分布从东南亚、东北亚、西亚等亚洲地区，逐步扩展到了非洲、美洲、欧洲、大洋洲的国家和地区。2019年，中国进口原油5.05亿吨，2020年中国进口原油5.41亿吨，同比增长7.3%，创造历史新高。2020年中国原油进口来源国前十位依次是沙特阿拉伯、俄罗斯、伊拉克、巴西、安哥拉、阿曼、阿联酋、科威特、美国、挪威。目前，中国与阿塞拜疆、乍得、喀麦隆等新兴的非洲产油国国家也开展石油贸易，非洲在中国石油进口格局中的地位日渐凸显，但均起到辅助作用。

### 7.3.2 石脑油

石脑油是我国主要石油进口品种之一，用于制取苯、甲苯、二甲苯及乙烯、丙烯等产品。中国石脑油的进口，呈现出数量大、品种杂、来源广、进口国家多的特点，是近年来进口量增加较大的品种。2017—2021年，与中国进行石脑油贸易的国家或地区为28个，进口来源国中排前五位依次是韩国、俄罗斯、阿尔及利亚和阿联酋。2017至2021年前三季度，我国进口石脑油数量分别为666.75万吨、744.53万吨、702.5万吨、783.96万吨和579.71万吨，与2020年相比2021年进口量略有下降。

### 7.3.3　车用汽油和航空汽油

航空汽油是制约中国航空产业发展的一大瓶颈。由于航空汽油炼制工艺复杂、技术标准高、利润空间小等原因，国内生产供应量偏小。2017 年，中国车用汽油和我国航空汽油进口量为 16.45 万吨，2020 年进口量增长为 48.05 万吨，2021 年前三季度贸易进口量为 33.24 万吨，增长趋势明显。中国车用汽油和航空汽油的贸易伙伴国有 15 个，2017 年，俄罗斯联邦和日本是该产品主要的贸易国，2018 年以后，韩国和新加坡成为该产品的主要贸易伙伴。法国、波兰、意大利等欧洲国家与中国的车用汽油和航空汽油交易贸易量小，且缺乏持续性，占进口总量的比例小。

### 7.3.4　航空煤油

航空煤油是成品油的品种之一。随着我国国民经济的快速发展，国际、国内交流合作增多，我国航空业发展迅速，带动航空煤油消费逐年增加。航空煤油进口来源国包括韩国、马来西亚、日本、新加坡等国，其中韩国交易比重最大。由于航空煤油作为中国国内市场供需平衡的重要手段，国内产能过剩，存在进出口大进大出的现象。2018 年，中国航空煤油进口量为 406.19 万吨，2020 年仅为 248.45 万吨，2021 年前三季度进口量为 114.38 万吨，航空煤油的进口量大幅度下降。

### 7.3.5　5 – 7 号燃料油

在中国，5 – 7 号燃料油消费主要集中在交通运输、石油加工原料、化工、建材以及电力、热力生产等领域。中国燃料油的交易国家达到 52 个，主要交易国为马来西亚、新加坡、阿拉伯联合酋长国、日本、俄罗斯等国。2017—2021 年，中国燃料油进口量先增后降，2017—2020 年进口量分别为 1347.22 万吨、1660.39 万吨、1497.44 万吨和 1251.85 万吨，2021 年前三季度进口量为 997.14 万吨。随着中国实施节能减排政策，关闭高能耗、高污染企业，以及淘汰落后产能等措施的推进，工业和电力等领域对燃料油的需求预计将会持续减少，被其他价格更低、更环保的能源资源所替代。因此，燃料油市场的消费量有可能会呈现下降趋势。

### 7.3.6 未煅烧的石油焦

未煅烧的石油焦是炼油副产品。根据海关数据整理，中国未煅烧的石油焦进口在 2019 年达到顶峰，进口量为 357.618 万吨，较 2017 年增长了 37%，受国内需求及环保政策等因素的影响，2020 年进口量为 321.76 万吨。美国仍然为我国石油焦资源进口第一大来源国，其他石油焦进口来源地按数量高低包括：哥伦比亚、俄罗斯、罗马尼亚、哈萨克斯坦、印度尼西亚、智利、阿根廷、巴西等国家和地区。

### 7.3.7 石油沥青

2017—2021 年，石油沥青的进口量分别为 503.84 万吨、460.24 万吨、429.38 万吨、475.91 万吨和 259.27 万吨，韩国和新加坡是中国石油沥青进口的两大来源国，其他进口来源地按数量高低包括：马来西亚、泰国、伊拉克、日本、阿联酋等国家和地区。韩国近年来稳居进口量第一位，占进口量的一半以上，其运输成本低等优势是其他国家难以比拟的。石油沥青是炼油行业重要的产品之一，主要应用领域包括道路建设、机场建设、水利建设和防水材料等。

## 7.4 基于香农熵指数的中国石油品种贸易结构安全性分析

运用本书 3.4.3 节中进口集中度、香农熵指数方法，计算前四和前八供应商的市场份额总和“$CR_4$”和“$CR_8$”。2017—2021 年中国石油品种进口的 $CR_4$、$CR_8$ 和 $S_i$ 值如表 7-3 所示。

**表7-3　　2017—2021年中国石油品种集中度**

| 年份 | 指标 | 原油 | 石脑油 | 车用汽油和航空汽油 | 航空煤油 | 5-7号燃料油 | 未煅烧的石油焦 | 石油沥青 |
|---|---|---|---|---|---|---|---|---|
| 2017 | $CP_4$ | 0.475 | 0.713 | 0.992 | 0.989 | 0.724 | 0.852 | 0.985 |
| | $CP_8$ | 0.731 | 0.904 | 1 | 1 | 0.933 | 0.957 | 1 |
| | $S_i$ | 2.874 | 2.09 | 0.801 | 0.675 | 1.819 | 1.538 | 0.849 |
| 2018 | $CP_4$ | 0.478 | 0.713 | 0.91 | 0.986 | 0.749 | 0.841 | 0.977 |
| | $CP_8$ | 0.732 | 0.913 | 1 | 1 | 0.904 | 0.953 | 1 |
| | $S_i$ | 2.834 | 2.168 | 1.504 | 0.601 | 2.089 | 1.453 | 0.998 |
| 2019 | $CP_4$ | 0.515 | 0.712 | 1 | 0.991 | 0.781 | 0.793 | 0.976 |
| | $CP_8$ | 0.737 | 0.895 | 1 | 1 | 0.928 | 0.947 | 0.999 |
| | $S_i$ | 2.794 | 2.175 | 0.669 | 0.417 | 1.923 | 1.735 | 1.217 |
| 2020 | $CP_4$ | 0.5 | 0.634 | 0.765 | 0.919 | 0.813 | 0.843 | 0.943 |
| | $CP_8$ | 0.756 | 0.839 | 1 | 1 | 0.96 | 0.975 | 0.997 |
| | $S_i$ | 2.782 | 2.195 | 1.792 | 1.676 | 1.681 | 1.321 | 2.782 |
| 2021 | $CP_4$ | 0.518 | 0.675 | 1 | 1.155 | 1.676 | 1.681 | 1.321 |
| | $CP_8$ | 0.773 | 0.884 | 1 | 0.973 | 0.922 | 0.819 | 0.943 |
| | $S_i$ | 2.706 | 2.045 | 0.82 | 1 | 0.986 | 0.954 | 0.998 |

中国原油进口的 $CR_4$ 和 $CR_8$ 呈波动变化状态，整体小幅度上升，仍处于较高值区域。2018年，石油原油的 $CR_4$ 和 $CR_8$ 分别为0.478和0.732处于中下集中寡占型。2019—2021年，石油原油的 $CR_4 \geqslant 0.5$，2020年 $CR_8 \geqslant 0.75$，处于中上集中寡占型，石油原油进口安全度降低。

从中国进口原油前四名的占比来看，2017年中国从俄罗斯、沙特阿拉伯、安哥拉、伊拉克进口的原油占比分别为14.22%、12.46%、12.04%和8.79%，石油进口量占比较为均匀，$CR_4$ 达到最低值0.475，$CR_8$ 为0.731。根据贝恩的分类标准 $0.35 \leqslant CR_4 < 0.5$、$0.45 \leqslant CR_8 < 0.75$，2017年石油原油进口格局处于中下集中寡占型。2020年，石油进口来源地达到44个，但主要进口集中在前八个国家，因此 $CR_8$ 值达到0.756。2020年，排名前四位的国家仍然是沙特阿拉伯、俄罗斯、伊拉克、安哥拉，进口的石油占比分别为15.42%、15.70%、11.11%和7.72%。中国从沙特阿拉伯和伊拉克进口的原油数量增加，

从安哥拉进口的石油量减少。根据贝恩的分类标准 $0.5 \leqslant CR_4 < 0.65$、$0.75 \leqslant CR_8 < 0.85$，2020 年石油原油进口格局处于中上集中寡占型。数据表明，中国原油进口受出口国的牵制很大，一旦主要来源地出现产量减少，出口正常调整，将会对中国的石油安全产生重要的影响。

2017—2021 年，石脑油进口 $CR_4$ 占比出现下降趋势，2017 年石脑油贸易伙伴排名前四的分别是韩国（33.96%），俄罗斯（21.85%），美国（6.24%）和印度（7.95%）；排名前四的贸易伙伴国为韩国（21.94%），阿尔及利亚（19.83%），俄罗斯（13.36%），卡塔尔（8.29%）。韩国是近五年中国最大的石脑油进口国，但其所占的进口比例正逐年下降，$CR_4$ 的内部结构更为优化。根据贝恩的分类标准 $0.65 \leqslant CR_4 < 0.75$、$CR_8 \geqslant 0.85$，中国石脑油进口格局为高集中寡占型。

5－7 号燃料油的贸易范围最为广泛，涉及 52 个国家或地区，但交易集中度仍然很高，近五年排名前八 $CR_8$ 交易总量占比均超过 90%。2017 年，中国燃料油的主要进口国是韩国和新加坡，两者占比分别为 17.28% 和 49.44%，排名前二的交易量占比为 66.72%，$CR_4$ 为 0.724。2020 年，交易量最大的伙伴为马来西亚，出口量占比为 52.33%，其次是新加坡 14.12%，两者占比为 66.45%，$CR_4$ 为 0.813。根据贝恩的分类标准，中国 5－7 号燃料油的进口格局从高集中寡占型，转变为极高寡占型，安全程度降低。

车用汽油和航空汽油、航空煤油品种，韩国均为最大的出口国。2018—2020 年韩国出口到中国的车用汽油和航空汽油占比均超过 30%，2021 年 1—9 月，其出口占比达到了 69.3%。航空煤油品种上，韩国一家独大，2017—2021 年中国进口韩国的航空煤油量占总进口量的比例分别高达 79.74%、84.95%、90.77%、68.12% 和 68.94%。中国车用汽油和航空汽油、航空煤油品种的进口格局为极高寡占型。

未煅烧的石油焦和石油沥青品种，进口集中程度也极高。2017—2021 年，未煅烧的石油焦交易国家有 24 个，但进口量主要集中在美国和哥伦比亚。中国每年从美国进口的未煅烧的石油焦约占总进口量的 50%。2019 年，进口的集中程度有所改善，排名前四的进口国为美国（48.66%），哥伦比亚（16.13%），俄罗斯（7.59%）和罗马尼亚（6.92%）。近五年，石油沥青进口排名前四的国家始终为：新加坡、马来西亚、韩国和泰国，进口格局维持稳定状态。韩国和新加坡进口所占比重逐年增加，从 2017 年占比 55.03%，到 2021 年占比达到 85.13%。未煅烧的石油焦和石油沥青品种的进口格局为极高寡占型。

从香农熵指数 $S_i$ 来看，石油原油的香农熵指数最高，近五年的香农熵指数均高于 2.7，表明在 7 个石油品种中进口结构最为安全。航空煤油的香农熵指数最低，2017 年和 2019 年香农熵指数分别为 0.675 和 0.417，2019 年从韩国进口的航空煤油量占比为 90.77%，表明进口的结构安全程度最低。2020 年，航空燃油的香农熵指数为 1.155，表明进口结构安全程度上升。5－7 号燃料油的香农熵指数先升后降，2018 年后逐年呈下降趋势，2018 年香农熵指数为 2.089，到 2020 年为 1.676，表明 $CR_4$ 的集中程度提高，进口结构的安全性降低。

## 7.5　基于预警测算方法的中国石油进口结构优化策略分析

根据本书 3.4.3 节和 7.2.2 节的石油进出口的均质度模型，进行贸易结构安全预警分析。均质度是衡量贸易结构均衡性的重要指标，它能反映出中国对单一国家的进出口依赖程度。均质度可用于评估不同国家对中国石油供应的依赖程度，进而对进口结构进行安全预警。

均质度曲线呈倒“U”型，中间达到效用最高点。对于任意一种石油品种，从多个国家进口时，总进口份额之和为 1。当单一国家的份额处于不同区间时，对贸易结构的影响也不同。石油某品种的进（出）口均质度最高值表示为 $1/e$，第 $j$ 个国家第 $i$ 种石油的进口均质度小于临界值 $1/e$ 时，表明该单一国家在中国的石油出口份额较低时，具有协同增长潜力。此时，增加这些国家的进口份额有利于贸易结构的优化和安全性提升。当单一国家的出口份额达到 $1/e$ 时，均质度达到最高值。当单一国家的出口份额超过 $1/e$ 时，均质度逐渐下降。过高的依赖单一国家可能增加贸易风险（如地缘政治、供需波动等），需要进行安全预警并采取优化措施。计算不同石油品种的均值度如图 7－3 所示。

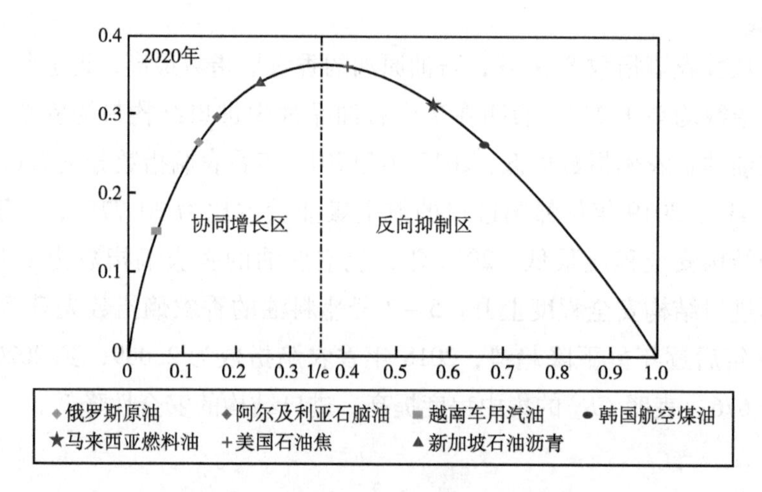


**图 7－3　中国 7 种石油品种进口结构区间划分**

运用贸易结构的预警测算方法，对中国石油进口结构提出优化策略。以 2020 年为例，中国从俄罗斯进口原油比例为 15.42%，从阿尔及利亚进口的石脑油比例为 19.83%，从越南进口的车用汽油和航空汽油比例为 6.02%，从新加坡进口的石油沥青比例为 27.84%，皆位于极值点 $1/e$ 的左侧，属于协同增长区域。此区域的特点是进口比例相对较低但可持续增长，对总体进口结构有积极作用，可进一步提升这些国家的进口比例，以增强供应来源的多样性，同时降低对单一国家的依赖。

我国从韩国进口的航空煤油比例为 68.12%，从马来西亚进口的 5－7 号燃料油比例为 52.33%，从美国进口的石油焦比例为 42.42%，皆位于极值点 $1/e$ 的右侧，单一国家的高比例进口带来较大的风险（例如地缘政治、价格波动等），过高的单个国家进口份额对进口结构安全性起到了抑制作用。通过不同年份的比较，可以直观地识别反向抑制区的国家的增减数量，为优化进口结构的安全性，建议减少这些国家的进口占比，同时通过寻找替代供应商来分散风险。

## 7.6　本章小结

本书从多石油品种的角度，利用2017—2021年中国不同石油品种进口贸易数据，以中国大陆及石油贸易伙伴国为主体，对石油原油、车用汽油和航空汽油、石脑油、航空煤油、5－7号燃料油、未煅烧的石油焦和石油沥青7种石油品种的进口集中度、香农熵指数和贸易结构进行定量评估，分析了不同石油品种的进口格局及其贸易结构演变，对中国的石油贸易结构安全水平进行评估。

通过研究表明：中国石油进口的大规模、进口格局多元化趋势明显。中国石油进口依存度高，供需缺口较大，结构安全性有待提高。运用贸易结构的预警测算方法，增加协同增长区贸易伙伴数量和交易比例，减少反向抑制区贸易伙伴数量和交易比例，可优化中国石油进口结构。具体研究结论如下。

1. 2017—2021年，中国原油进口贸易伙伴为46个，排名前四的进口国所占比例约占50%，香农熵指数维持在2.7以上。但中国原油进口对俄罗斯和沙特阿拉伯的进口依赖度增强，从两个进口的石油比例逐年提升，石油进口安全结构从中下集中寡占型提升至中上集中寡占型，石油原油进口结构安全性减弱，但在在本书分析的7个石油品种中进口结构相对最为安全。石脑油的进口国家数目为28个，石脑油进口排名前四的$CR_4$所占的比例低于原油品种，但优于其他5种石油品种。石脑油出口排前八的国家出口量所占比例约为90%，为高集中寡占型进口结构。

2. 5－7号燃料油的贸易范围最为广泛，涉及52个国家或地区，但交易集中度高，近五年，5－7号燃料油主要进口国是韩国和新加坡，两者占比之和超过60%，交易量前八的国家占比超过90%。

2017—2021 年中国 5 - 7 号燃料油的进口格局从高集中寡占型，转变为极高寡占型。从香农熵指数来看，燃料油近年的安全程度逐步降低。

3. 车用汽油和航空汽油、航空煤油品种，韩国均为最大的出口国。2018—2021 年，韩国每年出口到中国的车用汽油和航空汽油占比维持在 30% 以上，2021 年 1—9 月，其出口占比达到了 69. 3% 。航空煤油品种上，韩国一家独大，每年进口量占比在 68% 以上。中国车用汽油和航空汽油、航空煤油品种的进口格局为极高寡占型，进口风险度高。

4. 未煅烧的石油焦进口国主要为美国和哥伦比亚，每年从两国进口的未煅烧的石油焦约占总进口量的 50% 。近五年，排名前四的未煅烧的石油焦进口国保持为新加坡、马来西亚、韩国和泰国，进口格局维持稳定状态。石油沥青主要进口国为韩国和新加坡，且进口比重逐年增加，2021 年两个进口量占比达到 85. 13% ，进口格局为极高寡占型。

此外，石油品种进口结构安全不仅涉及供应的稳定性还涉及石油资源价格的合理性因素。进一步探讨地缘政治因素导致中国石油进口承担的风险，价格因素导致的供应风险，疫情对经济影响的分析，以及石油运输通道、气候变化等因素对石油进口格局产生的影响，将是未来进一步需要深入研究的方向。

# 第 8 章　我国能源转型结构安全分析

能源供需结构调整是我国实现“双碳”目标的重要举措之一，非化石能源将逐步成为我国重要的消费能源。为探讨双碳目标下能源供需结构调整对化石燃料需求的影响，本书采集中国国家统计局发布的年度统计数据，综合运用弹性分析法、增量贡献法、加权移动平均法和情景分析法，预测中国能源需求结构和化石燃料消费量。研究结果表明：2030 年、2035 年中国能源消费总需求预测值分别为 630019—641982 万吨标准煤；695592—717529 万吨标准煤。2030 年煤炭、石油和天然气占能源消费总量的比重将分别为 45. 68%—46. 35%、17. 95%—18. 27%、10. 71%—10. 89%；到 2035 年能源结构进一步优化，煤炭、石油和天然气所在能源消费总量的比重将分别为 39. 71%—40. 53%、18. 07%—18. 56%、11. 86%—12. 15%。此外，本书对 2030 年和 2035 年汽油、煤油、柴油和燃料油的消费量也进行了分析预测。

## 8. 1　“双碳”目标下能源转型结构安全问题的提出

全球气候急剧变化和环境问题日益突出的背景下，能源转型是当今全球能源发展的显著特征[142],[143]。能源供需结构及能源需求问题是当今世界各国政策制定者和研究者关注的热点[144]。大力发展可再生能源替代化石能源、降低碳排放，实现能源转型，已经成为很多国家应对气候危机、推动可持续发展的重要途径。随着能源结构转型的推进，中国的能源结构有望得到显著改善[145]，非化石能源将逐步成为重要的消费能源[146]，必将对化石燃料需求产生深远影响。

作为第一大排放国和第二大经济体，我国面临着大幅减排的巨大压力，调整能源消费结构将是减缓碳排放的关键一步[147],[148]。在第75 届联合国大会上，我国首次公开承诺将加大国家自主减排贡献，推行更为强有力的政策与举措。中国明确表示，将努力在 2030 年前实现二氧化碳排放达到峰值，并在 2060 年前达成碳中和目标，即“双碳”目标。

“双碳”目标对我国能源供需结构提出了新的要求，加快推进能源结构调整，构建现代能源体系，成为实现碳达峰、碳中和的内在要求。本书拟在双碳目标下，探讨我国推进能源转型对能源供需结构以及化石燃料需求的影响，预测未来的化石燃料需求走势。该研究对于制定国家能源政策、进行能源消费总量控制和供需管理、保障国家能源安全具有重要意义。

目前，关于能源结构的研究大多集中于从能源需求结构影响因素的角度展开研究，如 Zeng 等[149]从经济、结构、技术、人口和政策指标四个维度筛选影响能源消费结构的因素。Zhang 等认为技术水平和研究投入与能源消耗呈正相关[150]。Zhang 等[151]分析第二产业和第三产业的能源结构调整。Yang 等[152]分析产业结构对能源消费结构的影响等等。

学者们对能源需求预测主要是单一能源消费预测，如石油需求预测；化石燃料需求；煤炭需求；天然气需求预测，电力消耗；能源消费等，双碳背景下，基于我国能源供需结构，对化石燃料需求展开的综合分析并不多见。

目前学术界对于能源消费预测研究做了大量工作，但很少有研究关注能源消费结构的预测。研究表明能源消费结构受到多方面因素的影响，这些因素呈现出复杂的、难以预测的动态特征。由于这种多变性，预测能源消费结构的结果可能存在较大的不确定性，使得准确性受到挑战。近年来，我国制定明确减碳规划，加大非化石能源开发力度。能源供需结构是一个庞大而复杂的系统，如何在双碳实施环境下，更准确真实地预测能源需求走势，对不同化石燃料进行中长期需求预测亟待探讨。

本书在借鉴相关学者研究成果的基础上，采用弹性系数法预测 2030 年、2035 年中国能源消费需求。将能源弹性系数分解为各分能源增量贡献值，并采用增量贡献法、加权移动平均法和情景分析法预测 2030 年、2035 年中国煤炭、石油、天然气，以及汽油、煤油、柴油和燃料油的需求。

## 8.2　能源消费大数据获取与预处理

本书对中国能源需求结构及化石燃料需求分析所涉及的数据，来源于中华人民共和国国家统计局（National Bureau of Statistics）官方网站 data. stats. gov. cn。国内生产总值数据来源于国家统计局网站年度数据的国民经济核算板块国内生产总值栏目；能源弹性系数来源于国家统计局网站年度数据的能源板块能源弹性系数栏目；能源供需数据来源于国家统计局网站年度数据的能源板块综合能源平衡表；煤炭、石油、天然气、一次电力及其他能源消费总量，汽油、煤油、柴油和燃料油消费数据来源于国家统计局网站年度数据的能源板块的能源消费总量栏目。

对国家统计局公布的汽油、煤油、柴油和燃料油消费数据进行单位换算，将汽油、煤油、柴油和燃料油消费量单位由“吨”根据中国国家公布的参考标准换算为“吨标准煤”，换算标准如表 8 - 1 所示。

表 8－1　国家公布的各类能源折算标准煤

| 品种 | 单位 | 折算标准煤系数 |
|---|---|---|
| 汽油 | 吨 | 1.4714 吨标准煤 |
| 煤油 | 吨 | 1.4714 吨标准煤 |
| 柴油 | 吨 | 1.4571 吨标准煤 |
| 燃料油 | 吨 | 1.4286 吨标准煤 |

## 8.3　基于弹性系数法的能源供需总量分析及需求预测

### 8.3.1　中国经济发展预测

近二十年来，中国经历了快速的经济快速发展和城市化进程，经济发展迅猛，已经成为世界第二大经济体。然而，随着时间推移，经济增长动力不足的问题逐渐凸显。自 2007 年经济增速创下历史最高值 14.2% 的经济增速以来，逐步下降，到 2015 年降至 6.9%，首次跌破 7%。中国经济选择迈入了“新常态，经济增长速度由高速过渡为中高速”，即经济发展告别过去传统粗放的高速增长阶段，进入高效率、低成本、可持续的中高速增长阶段，经济增长速度到质量的转变成为经济新常态的核心。2000—2022 年中国国内生产总值（GDP）的变化如表 8－2 所示。

2000—2011 年中国工业化进程加快，国内生产总值增速保持在 8% 以上的增长，其中 2007 年达到 14.2%，远高于世界经济发展水平。2012—2019 年中国经济增速逐渐降低，步入经济发展新常态，GDP 增速从 2012 年的 7.9% 下降至 2019 年的 6.1%。受新冠疫情影响，中国 GDP 增速 2020 年仅为 2%；2021 年为 8.1%；2022 年为 3%。2023 年中国政府发布的一系列政策，第三季度的增长表现强于预期，国际货币基金组织（IMF）将对中国 2023 年国内生产总值（GDP）增速预测从 5% 上调至 5.4%。

**表8-2 2000—2022年中国国内生产总值（GDP）的变化**

| 指标 | 2023年 | 2022年 | 2021年 | 2020年 | 2019年 | 2018年 | 2017年 | 2016年 | 2015年 | 2014年 | 2013年 | 2012年 |
|---|---|---|---|---|---|---|---|---|---|---|---|---|
| 国内生产总值（亿元） | | 1210207 | 1149237 | 1013567 | 986515 | 919281 | 832036 | 746395 | 688858 | 643563 | 592963 | 538580 |
| GDP增速（%） | — | 3 | 8.1 | 2.3 | 6.1 | 6.6 | 6.8 | 6.7 | 6.9 | 7.3 | 7.8 | 7.9 |
| 指标 | 2011年 | 2010年 | 2009年 | 2008年 | 2007年 | 2006年 | 2005年 | 2004年 | 2003年 | 2002年 | 2001年 | 2000年 |
| 国内生产总值（亿元） | 487940 | 412119 | 348518 | 319245 | 270092 | 219439 | 187319 | 161840 | 137422 | 121717 | 110863 | 100280 |
| GDP增速（%） | 9.6 | 10.6 | 9.4 | 9.7 | 14.2 | 12.7 | 11.4 | 10.1 | 10 | 9.1 | 8.3 | 8.5 |

中华人民共和国国民经济和社会发展第十四个五年规划和2035年远景目标纲要提出，要求确保经济增长维持在一个合理的范围内，各年度的增速将根据实际情况进行调整。世界银行、国务院发展研究中心预测中国2021—2025年和2026—2030年经济年均增长率依次为5.9%和5%[142],[143]。2020年发布的2035年的远景目标提出实现经济规模翻一番、在当前至2035年期间，年均GDP增速需要达到4.73%以上。

结合当前中国经济增长放缓的趋势，充分考虑国家宏观政策规划，参考文献郑明贵等[153]、Huang等[154],[155]、谢和平等[66]、李洪兵等[156]的相关研究，设置中国未来经济增长速度的情景，将2023—2030年GDP年增长率设为5.5%，2031—2035年GDP年增长率设为5%。

### 8.3.2 能源供需总量分析及需求预测

对能源需求分析和预测有多种方法。弹性系数法是用于衡量能源消费与经济发展，预测能源供需总量的重要方法[66]。全球经济增长与能源消费增长之间存在显著的关联，他国家在工业化进程中的能源消费增长与经济增长的关系，对于中国的能源消费具有一定的借鉴价值[157]。

从中国国家统计局官网获取2001—2022年中国能源供应总量和消费总量，计算能源供应和消费总量增速；获取中国GDP增速数据，计算得到能源供应和需求弹性系数如表8-3所示。

2001—2011年，为中国经济快速发展期。在经历1997—2008年亚洲金融危机后，中国经济复苏，能源供需大幅度增加，供应量从2001年的152597万吨标准煤增加到2011年的390394万吨标准煤，增长率为170%；消费量从2001年的155547万吨标准煤增加到2011年的387043万吨标准煤，增长了163%。11年间，能源供应增速高于消费增速，供应增速在2004年达到顶峰后逐步放缓，年增长率从2004年的17.17%下降到2011年的6.79%。该阶段，中国能源从供小于求，逐步转变为供大于求。

**表8-3　2001—2022年中国能源供应弹性和消费弹性系数变化**

| 指标 | 2022年 | 2021年 | 2020年 | 2019年 | 2018年 | 2017年 | 2016年 | 2015年 | 2014年 | 2013年 | 2012年 |
|---|---|---|---|---|---|---|---|---|---|---|---|
| 能源供应总量（万吨标准煤） | — | 533841 | 507479 | 493178 | 471686 | 450444 | 434121 | 431636 | 427430 | 417415 | 407594 |
| 增速（%） | — | 5.19 | 2.90 | 4.56 | 4.72 | 3.76 | 0.58 | 0.98 | 2.40 | 2.41 | 4.41 |
| 能源供应弹性系数 | — | 0.64 | 1.26 | 0.75 | 0.71 | 0.55 | 0.09 | 0.14 | 0.33 | 0.31 | 0.56 |
| 能源消费总量（万吨标准煤） | 541000 | 525896 | 498314 | 487488 | 471925 | 455827 | 441492 | 434113 | 428334 | 416913 | 402138 |
| 增速（%） | 0.29 | 5.54 | 2.22 | 3.30 | 3.53 | 3.25 | 1.70 | 1.35 | 2.74 | 3.67 | 3.90 |
| 能源消费弹性系数 | 0.97 | 0.65 | 1 | 0.55 | 0.52 | 0.46 | 0.25 | 0.19 | 0.36 | 0.47 | 0.49 |
| 指标 | 2011年 | 2010年 | 2009年 | 2008年 | 2007年 | 2006年 | 2005年 | 2004年 | 2003年 | 2002年 | 2001年 |
| 能源供应总量（万吨标准煤） | 390394 | 365588 | 333456 | 315894 | 304503 | 278770 | 254619 | 224851 | 191896 | 165818 | 152597 |
| 增速（%） | 6.79 | 9.64 | 5.56 | 3.74 | 9.23 | 9.49 | 13.24 | 17.17 | 15.73 | 8.66 | 5.80 |
| 能源供应弹性系数 | 0.71 | 0.91 | 0.59 | 0.39 | 0.65 | 0.75 | 1.16 | 1.70 | 1.57 | 0.95 | 0.70 |
| 能源消费总量（万吨标准煤） | 387043 | 360648 | 336126 | 320611 | 311442 | 286467 | 261369 | 230281 | 197083 | 169577 | 155547 |
| 增速（%） | 7.32 | 7.30 | 4.84 | 2.94 | 8.72 | 9.60 | 13.50 | 16.84 | 16.22 | 9.02 | 5.84 |
| 能源消费弹性系数 | 0.76 | 0.69 | 0.51 | 0.3 | 0.61 | 0.76 | 1.18 | 1.66 | 1.62 | 0.99 | 0.7 |

2001—2011 年，中国的能源消费弹性整体保持在 0.5 以上，但波动幅度较大。其中，2008 年受亚洲金融危机影响，能源消费弹性系数下降至 0.3，被视为异常情况[67]。能源供给弹性和能源需求弹性的变化趋势一致，波动范围在 0.3—1.66，均值为 0.89，表明能源增长和经济增长速度基本持平。该阶段中国处于经济发展的上升阶段，工业化的高速发展消耗的能源随之增长；能源消费呈现粗放型增长，对生态环境的影响逐步显现。

2012—2022 年，中国经济高质量发展阶段。中国能源供需增长速度放缓，节能降耗不断推进。从 2012 年到 2021 年能源供应量从 407594 万吨标准煤增长到 533841 万吨标准煤，年平均增长率为 3.1%。在这一阶段，中国逐步迈入工业化后期，能源利用技术不断提升，能源消费结构得到优化。2012—2019 年，中国的能源消费弹性系数均维持在 0.55 以下。2020—2022 年能源消费弹性系数出现较大幅度波动，分别为 1、0.65 和 0.97。受新冠疫情和俄乌冲突影响，中国重启部分燃煤电厂，能源供应弹性系数 2020 年达到 1.26，表明单位不变价 GDP 能耗下降态势趋缓，继续提高经济增长利用能源效率需要付出更多努力。

2000—2022 年中国能源供需弹性系数逐步下降。能源供应弹性和消费弹性均值分别从 2000—2011 年的 0.92 和 0.88，下降为 2012—2022 年的 0.534 和 0.537，下降幅度接近 60%。通过分析发现，近年来中国能源供需基本持平，2012—2022 年能源弹性系数接近，对能源需求分析更具理论价值和现实意义，本书对能源需求进行分析预测。

2010—2019 年、2011—2020 年、2013—2022 年中国能源消费弹性系数均值分别为 0.51、0.49 和 0.54，近三年受疫情影响出现波动。基于双碳目标背景，在全面分析中国经济增长趋势、科技进步以及能源利用的高质量发展等多方因素后，并结合国外工业化后期能源消费弹性系数的水平及其他学者的研究成果，我们预测 2025 年至 2035 年间，中国的能源供需弹性系数将维持在 0.4 至 0.45。

随着中国迈入工业化后期，其经济发展已从快速扩张转向高质量增长，发展模式和经济结构持续优化，这将使得能源消费弹性维持在较低水平。采用弹性系数法预测能源供需总量，以 2022 年为基准年，2022 年 GDP 总量为 1210207.2 亿元；2022 年能源消费总量为 541000 万吨标准煤。预测期 2022—2030 年第一阶段，GDP 年增长率设定为 5.5%，2031—2035 年第二阶段，GDP 年增长率设定为 5%。预测期能源消费弹性系数设置情景 1 为 0.4，情景 2 为 0.45，则 2030 年和 2035 年能源消费需求区间分别为 630019—641982 万吨标准煤和 695592—717529 万吨标准煤，如表 8 -4 所示。

**表 8 -4　弹性系数法预测 2030 年、2035 年中国能源消费需求**

| 预测年份 | 情景 | 2022 年 GDP 总量/亿元 | 2022 年能源消费总量/万吨标准煤 | 预测期 GDP 增速 | 预测期弹性系数 | 预测年数 | 预测期 GDP 总量/亿元 | 预测期总量/万吨标准煤 |
|---|---|---|---|---|---|---|---|---|
| 2030 年 | 情景 1 | 1210207.2 | 541000 | 5.5% | 0.4 | 7 | 1760463 | 630019 |
| | 情景 2 | 1210207.2 | 541000 | 5.5% | 0.45 | 7 | 1760463 | 641982 |
| 2035 年 | 情景 1 | 1210207.2 | 541000 | 5% | 0.4 | 5 | 2246847 | 695592 |
| | 情景 2 | 1210207.2 | 541000 | 5% | 0.45 | 5 | 2246847 | 717529 |

## 8.4　基于能源增量贡献的能源转型结构分析及趋势变化

虽然弹性系数法在预测我国能源消费总量方面表现出较高的可靠性，但在利用该方法分析预测各类化石能源的未来演变趋势时，需求不仅受到宏观经济发展和能源消费总量变化的影响，还受到化石能源与非化石能源之间相互作用的影响[67]，因此本书采用分能源增量贡献的方法，构建化石燃料需求预测模型，对 2030 年和 2035 年的化石燃料需求进行预测。

## 8.4.1　2001—2011 年能源需求结构分析

2001—2011 年，中国经济工业化进程加快，经济保持高速增长的态势，能源需求大幅度增加，其中煤炭的需求尤为显著，化石燃料消费占总能源消费的90%以上。从中国国家统计局能源消费数据分析发现，从2001 年到 2011 年能源总需求从 155547 万吨标准煤增长至387043 万吨标准煤，消费需求增长了2.49 倍，年均增长率为13.5%，而煤炭能源需求占能源总需求的比例约为70%，是主要的消费能源，如表8－5 所示。

**表8－5　2001—2011 年中国能源消费总量、分能源消费量、能源弹性系数及分能源增量贡献值**　单位：万吨标准煤

| 能源类型 | 指标 | 2011年 | 2010年 | 2009年 | 2008年 | 2007年 | 2006年 | 2005年 | 2004年 | 2003年 | 2002年 | 2001年 |
|---|---|---|---|---|---|---|---|---|---|---|---|---|
| 总能源 | 能源消费总量 | 387043 | 360648 | 336126 | 320611 | 311442 | 286467 | 261369 | 230281 | 197083 | 169577 | 155547 |
| | 增速（%） | 7.32 | 7.30 | 4.84 | 2.94 | 8.72 | 9.60 | 13.50 | 16.84 | 16.22 | 9.02 | 5.84 |
| | 能源消费弹性系数 | 0.76 | 0.69 | 0.51 | 0.3 | 0.61 | 0.76 | 1.18 | 1.66 | 1.62 | 0.99 | 0.7 |
| 煤炭 | 煤炭消费量 | 271704 | 249568 | 240666 | 229237 | 225795 | 207402 | 189231 | 161657 | 138352 | 116160 | 105772 |
| | 占比（%） | 70.2 | 69.2 | 71.6 | 71.5 | 72.5 | 72.4 | 72.4 | 70.2 | 70.2 | 68.5 | 68 |
| | 增速（%） | 8.870 | 3.699 | 4.986 | 1.524 | 8.868 | 9.603 | 17.057 | 16.845 | 19.105 | 9.821 | 5.068 |
| | 消费弹性系数 | 0.924 | 0.349 | 0.530 | 0.157 | 0.625 | 0.756 | 1.496 | 1.668 | 1.910 | 1.079 | 0.611 |
| | 增量贡献值 | 0.637 | 0.250 | 0.376 | 0.113 | 0.449 | 0.550 | 1.047 | 1.165 | 1.307 | 0.733 | 0.416 |
| 石油 | 石油消费量 | 65023 | 62753 | 55125 | 53542 | 52945 | 50132 | 46524 | 45826 | 39614 | 35611 | 32976 |
| | 占比（%） | 16.8 | 17.4 | 16.4 | 16.7 | 17 | 17.5 | 17.8 | 19.9 | 20.1 | 21 | 21.2 |
| | 增速（%） | 3.618 | 13.838 | 2.956 | 1.127 | 5.612 | 7.755 | 1.523 | 15.682 | 11.239 | 7.991 | 1.991 |
| | 消费弹性系数 | 0.377 | 1.305 | 0.314 | 0.116 | 0.395 | 0.611 | 0.134 | 1.553 | 1.124 | 0.878 | 0.240 |
| | 增量贡献值 | 0.065 | 0.215 | 0.052 | 0.020 | 0.069 | 0.109 | 0.026 | 0.311 | 0.236 | 0.186 | 0.053 |
| 天然气 | 天然气消费量 | 17804 | 14426 | 11764 | 10901 | 9343 | 7735 | 6273 | 5296 | 4533 | 3900 | 3733 |
| | 占比（%） | 4.6 | 4 | 3.5 | 3.4 | 3 | 2.7 | 2.4 | 2.3 | 2.3 | 2.3 | 2.4 |
| | 增速（%） | 23.417 | 22.623 | 7.923 | 16.670 | 20.798 | 23.303 | 18.435 | 16.845 | 16.220 | 4.477 | 15.462 |
| | 消费弹性系数 | 2.439 | 2.134 | 0.843 | 1.719 | 1.465 | 1.835 | 1.617 | 1.668 | 1.622 | 0.492 | 1.863 |
| | 增量贡献值 | 0.097 | 0.075 | 0.028 | 0.051 | 0.039 | 0.044 | 0.037 | 0.038 | 0.037 | 0.012 | 0.041 |

续表

| 能源类型 | 指标 | 2011 年 | 2010 年 | 2009 年 | 2008 年 | 2007 年 | 2006 年 | 2005 年 | 2004 年 | 2003 年 | 2002 年 | 2001 年 |
|---|---|---|---|---|---|---|---|---|---|---|---|---|
| 一次电力及其他能源 | 一次电力及其他能源 | 32512 | 33901 | 28571 | 26931 | 23358 | 21199 | 19341 | 17501 | 14584 | 13905 | 13066 |
| | 占比（%） | 8.4 | 9.4 | 8.5 | 8.4 | 7.5 | 7.4 | 7.4 | 7.6 | 7.4 | 8.2 | 8.4 |
| | 增速（%） | -4.098 | 18.656 | 6.087 | 15.297 | 10.187 | 9.603 | 10.513 | 20.003 | 4.882 | 6.424 | 21.789 |
| | 消费弹性系数 | -0.427 | 1.760 | 0.648 | 1.577 | 0.717 | 0.756 | 0.922 | 1.980 | 0.488 | 0.706 | 2.625 |
| | 增量贡献值 | -0.040 | 0.150 | 0.054 | 0.117 | 0.053 | 0.056 | 0.070 | 0.146 | 0.040 | 0.059 | 0.191 |

注：表中“占比（%）”表示汽油消费量占能源消费总量的比重。后表同。

该阶段，煤炭消费需求占总能源需求的比例超过 68%，年均消费增长率为 14.2%，其增长速度与能源消费弹性系数的变化趋势一致。一次电力及其他能源的需求占总能源需求的比例相对维持稳定，从 13066 万吨标准煤增长到 32512 万吨标准煤，年增长率为 17.6%，其占总能源需求的比例维持在 8% 左右。2001—2011 年，石油消费占总能源需求的比例逐年下降，从 2001 年的 21.2%，下降为 16.8%，其增速和弹性系数也出现大幅波动，增速波动区间为 1.127—13.838；弹性系数波动区间为 0.116—1.553，受亚洲金融危机影响，弹性系数 2008 年达到最低为 0.116（作为异常点考虑）。天然气消费量 11 年间从 3733 万吨标准煤增长到了 17804 万吨标准煤，增长了 4.77 倍，占总能源消费的比例从 2001 年的 2.4% 上升到 2011 年的 4.6%，增速和弹性系数均呈现波动上升的趋势。

从增量贡献值来看，2001—2011 年，煤炭、石油、天然气和一次电力及其他能源的增量贡献值之和分别为：7.043、1.342、0.499 和 0.896，贡献的均值分别为 0.64、0.122、0.045 和 0.081，增量贡献占比均值分别为 72%、13.7%、5.1% 和 9.2%。该阶段与煤炭相比其他能源的贡献较小，煤炭为该阶段消费需求主要的能源品种，其次是石油，天然气的贡献最小。

### 8.4.2　2001—2011 年汽油、煤油、柴油和燃料油需求分析

运用弹性系数法、分量增量贡献法分析汽油、煤油、柴油和燃料油消费量、消费弹性系数、增量贡献值，如表 8-6 所示。

表 8-6　2001—2011 年汽油、煤油、柴油和燃料油消费量、消费弹性系数、增量贡献值变化　单位：万吨标准煤

| 能源类型 | 指标 | 2011 年 | 2010 年 | 2009 年 | 2008 年 | 2007 年 | 2006 年 | 2005 年 | 2004 年 | 2003 年 | 2002 年 | 2001 年 |
|---|---|---|---|---|---|---|---|---|---|---|---|---|
| 汽油 | 汽油消费量 | 11177 | 10235 | 9082 | 9043 | 8121 | 7714 | 7144 | 6909 | 6060 | 5598 | 5293 |
| | 占比（%） | 1.96 | 1.93 | 1.84 | 1.92 | 1.77 | 1.83 | 1.86 | 2.04 | 2.09 | 2.24 | 2.31 |
| | 增速（%） | 9.197 | 12.693 | 0.442 | 11.350 | 5.275 | 7.984 | 3.390 | 14.015 | 8.259 | 5.747 | 2.654 |
| | 消费弹性系数 | 0.958 | 1.197 | 0.047 | 1.170 | 0.371 | 0.629 | 0.297 | 1.388 | 0.826 | 0.632 | 0.320 |
| | 增量贡献值 | 0.018 | 0.022 | 0.001 | 0.020 | 0.007 | 0.012 | 0.006 | 0.029 | 0.019 | 0.015 | 0.008 |
| 煤油 | 煤油消费量 | 2673 | 2597 | 2134 | 1904 | 1830 | 1655 | 1584 | 1561 | 1356 | 1353 | 1310 |
| | 占比（%） | 0.47 | 0.49 | 0.43 | 0.40 | 0.40 | 0.39 | 0.41 | 0.46 | 0.47 | 0.54 | 0.57 |
| | 增速（%） | 2.920 | 21.695 | 12.093 | 4.044 | 10.578 | 4.448 | 1.506 | 15.109 | 0.262 | 3.250 | 2.141 |
| | 消费弹性系数 | 0.304 | 2.047 | 1.286 | 0.417 | 0.745 | 0.350 | 0.132 | 1.496 | 0.026 | 0.357 | 0.258 |
| | 增量贡献值 | 0.001 | 0.009 | 0.005 | 0.002 | 0.003 | 0.001 | 0.001 | 0.007 | 0.000 | 0.002 | 0.002 |
| 柴油 | 柴油消费量 | 22782 | 21418 | 19746 | 19736 | 18203 | 17090 | 15992 | 14873 | 12495 | 11351 | 10430 |
| | 占比（%） | 4.04 | 4.08 | 4.03 | 4.22 | 4.01 | 4.09 | 4.20 | 4.43 | 4.35 | 4.59 | 4.60 |
| | 增速（%） | 6.368 | 8.468 | 0.048 | 8.426 | 6.508 | 6.872 | 7.525 | 19.029 | 10.079 | 8.829 | 5.168 |
| | 消费弹性系数 | 0.663 | 0.799 | 0.005 | 0.869 | 0.458 | 0.541 | 0.660 | 1.884 | 1.008 | 0.970 | 0.623 |
| | 增量贡献值 | 0.027 | 0.032 | 0.000 | 0.034 | 0.019 | 0.023 | 0.029 | 0.082 | 0.046 | 0.045 | 0.029 |

续表

| 能源类型 | 指标 | 2011 年 | 2010 年 | 2009 年 | 2008 年 | 2007 年 | 2006 年 | 2005 年 | 2004 年 | 2003 年 | 2002 年 | 2001 年 |
|---|---|---|---|---|---|---|---|---|---|---|---|---|
| 燃料油 | 燃料油消费量 | 5233 | 5369 | 4041 | 4624 | 5939 | 6387 | 6063 | 6921 | 6186 | 5320 | 5500 |
| | 占比（%） | 0.95 | 1.04 | 0.84 | 1.01 | 1.33 | 1.56 | 1.62 | 2.10 | 2.20 | 2.20 | 2.48 |
| | 增速（%） | -2.534 | 32.849 | -12.604 | -22.147 | -7.015 | 5.348 | -12.397 | 11.879 | 16.286 | -3.282 | -0.582 |
| | 消费弹性系数 | -0.264 | 3.099 | -1.341 | -2.283 | -0.494 | 0.421 | -1.087 | 1.176 | 1.629 | -0.361 | -0.070 |
| | 增量贡献值 | -0.003 | 0.026 | -0.013 | -0.030 | -0.008 | 0.007 | -0.023 | 0.026 | 0.036 | -0.009 | -0.002 |

2001—2011年汽油、煤油、柴油的消费量均呈现稳定增长趋势，而燃料油消费量出现波动减少趋势。该阶段汽油消费量从5293万吨标准煤增长到11177万吨标准煤，增长了2.11倍；煤油消费量从1310万吨标准煤增长到了2673吨标准煤，增长了2.04倍；柴油消费量从10430万吨标准煤增长到了22782吨标准煤，增长了2.18倍。燃料油的消费量从5500万吨标准煤下降到5233万吨标准煤，负增长4.8%。汽油、煤油、柴油和燃料油占能源消费总量的比重均值分别为1.98%、0.46%、4.24%和1.58%，表明汽油和柴油是主要的消费品种。

从弹性系数来看，汽油消费弹性系数波动幅度较小，呈现上升趋势，波动范围在0.047—1.388，均值为0.71；煤油的弹性系数波动幅度在0.132—2.047，均值0.67；柴油的弹性系数波动范围在0.005—1.884，均值为0.77；燃料油的弹性系数波动幅度较大，波动范围在-2.283—3.099，均值为0.038。

从增量贡献来看，2001—2022年，汽油、煤油、柴油和燃料油的增量贡献值之和分别为0.157、0.033、0.366和0.007，贡献的均值分别为0.014、0.003、0.033和0.0006。该阶段柴油的增量贡献最大，其次为汽油，燃料油的贡献最小。

### 8.4.3 2012—2022年能源需求结构分析

2012—2022年，中国经济发展能源生产结构更加多元、合理，能源消费更清洁、集约，由粗放型发展模式向高质量发展迈进。在“双碳”目标背景下，中国加快能源转型，提升能源利用效率、提高非化石能源消费比重。如表8-7所示。

该阶段中国能源消费总量的增速放缓，年均增长率从2001—2011年的年增长率13.5%，下降为3.13%。化石能源占比由90%以上，下降到2022年的82.5%，其中煤炭的占比下降到56.2%。中国发布《“十四五”现代能源体系规划》，指出到2025年非化石能源发电占比达到39%，非化石能源消费达到20%。煤炭消费量从2012年的275465万吨标准煤增加到304042万吨标准煤，占总能源消费的比重持

**表 8－7　2012—2022 年中国能源消费总量、分能源消费量、能源弹性系数、能源结构及分能源增量贡献值变化**

单位：万吨标准煤

| 能源类型 | 指标 | 2022 年 | 2021 年 | 2020 年 | 2019 年 | 2018 年 | 2017 年 | 2016 年 | 2015 年 | 2014 年 | 2013 年 | 2012 年 |
|---|---|---|---|---|---|---|---|---|---|---|---|---|
| 总能源 | 能源消费总量 | 541000 | 525896 | 498314 | 487488 | 471925 | 455827 | 441492 | 434113 | 428334 | 416913 | 402138 |
| | 增速（%） | 0. 29 | 5. 54 | 2. 22 | 3. 30 | 3. 53 | 3. 25 | 1. 70 | 1. 35 | 2. 74 | 3. 67 | 3. 90 |
| | 消费弹性系数 | 0. 97 | 0. 65 | 1 | 0. 55 | 0. 52 | 0. 46 | 0. 25 | 0. 19 | 0. 36 | 0. 47 | 0. 49 |
| 煤炭 | 消费量 | 304042 | 293976 | 283541 | 281281 | 278436 | 276231 | 274608 | 276964 | 281844 | 280999 | 275465 |
| | 占比（%） | 56. 2 | 55. 9 | 56. 9 | 57. 7 | 59 | 60. 6 | 62. 2 | 63. 8 | 65. 8 | 67. 4 | 68. 5 |
| | 增速（%） | 3. 42 | 3. 68 | 0. 80 | 1. 02 | 0. 80 | 0. 59 | −0. 85 | −1. 73 | 0. 30 | 2. 01 | 1. 38 |
| | 消费弹性系数 | 1. 141 | 0. 454 | 0. 349 | 0. 167 | 0. 121 | 0. 087 | −0. 127 | −0. 251 | 0. 041 | 0. 258 | 0. 175 |
| | 增量贡献值 | 0. 646 | 0. 246 | 0. 209 | 0. 101 | 0. 071 | 0. 052 | −0. 080 | −0. 160 | 0. 027 | 0. 176 | 0. 122 |
| 石油 | 石油消费量 | 96839 | 97817 | 93683 | 92623 | 89194 | 86151 | 82559 | 79877 | 74102 | 71292 | 68363 |
| | 占比（%） | 17. 9 | 18. 6 | 18. 8 | 19 | 18. 9 | 18. 9 | 18. 7 | 18. 4 | 17. 3 | 17. 1 | 17 |
| | 增速（%） | −0. 999 | 4. 412 | 1. 145 | 3. 844 | 3. 532 | 4. 351 | 3. 358 | 7. 793 | 3. 941 | 4. 284 | 5. 137 |
| | 消费弹性系数 | −0. 333 | 0. 545 | 0. 498 | 0. 630 | 0. 535 | 0. 640 | 0. 501 | 1. 129 | 0. 540 | 0. 549 | 0. 650 |
| | 增量贡献值 | −0. 063 | 0. 097 | 0. 098 | 0. 121 | 0. 098 | 0. 115 | 0. 091 | 0. 190 | 0. 089 | 0. 093 | 0. 108 |
| 天然气 | 天然气消费量 | 45444 | 46279 | 41858 | 38999 | 35866 | 31452 | 26931 | 25179 | 23987 | 22096 | 19303 |
| | 占比（%） | 8. 4 | 8. 8 | 8. 4 | 8 | 7. 6 | 6. 9 | 6. 1 | 5. 8 | 5. 6 | 5. 3 | 4. 8 |
| | 增速（%） | −1. 804 | 10. 561 | 7. 332 | 8. 734 | 14. 035 | 16. 788 | 6. 960 | 4. 969 | 8. 555 | 14. 473 | 8. 417 |
| | 消费弹性系数 | −0. 601 | 1. 304 | 3. 188 | 1. 432 | 2. 126 | 2. 469 | 1. 039 | 0. 720 | 1. 172 | 1. 856 | 1. 066 |
| | 增量贡献值 | −0. 054 | 0. 104 | 0. 264 | 0. 111 | 0. 143 | 0. 145 | 0. 059 | 0. 039 | 0. 060 | 0. 089 | 0. 049 |

续表

| 能源类型 | 指标 | 2022 年 | 2021 年 | 2020 年 | 2019 年 | 2018 年 | 2017 年 | 2016 年 | 2015 年 | 2014 年 | 2013 年 | 2012 年 |
|---|---|---|---|---|---|---|---|---|---|---|---|---|
| 一次电力及其他能源 | 一次电力及其他能源 | 94675 | 87825 | 79232 | 74586 | 68429 | 61992 | 57394 | 52094 | 48402 | 42525 | 39007 |
| | 占比（%） | 17.5 | 16.7 | 15.9 | 15.3 | 14.5 | 13.6 | 13 | 12 | 11.3 | 10.2 | 9.7 |
| | 增速（%） | 7.800 | 10.845 | 6.229 | 8.997 | 10.383 | 8.012 | 10.175 | 7.627 | 13.819 | 9.018 | 19.980 |
| | 消费弹性系数 | 2.600 | 1.339 | 2.708 | 1.475 | 1.573 | 1.178 | 1.519 | 1.105 | 1.893 | 1.156 | 2.529 |
| | 增量贡献值 | 0.440 | 0.202 | 0.429 | 0.218 | 0.208 | 0.148 | 0.180 | 0.121 | 0.185 | 0.112 | 0.211 |

注：其中一次电力及其他能源主要指水力发电、核能发电、风力光伏等新能源发电。表中“占比（%）”表示分能源占能源消费总量的比重。

续下降，从2012年的68.5%下降到2022年的56.2%，年平均增长率为1.03%。石油占总能源消费的比例稳定，消费量从2012年的68363万吨标准煤增加到2022年的96839万吨标准煤，年均占比为18.23%，年均增速为3.7%。天然气的消费量从2012年的19303万吨标准煤增加到2022年的45444万吨标准煤，增长了2.35倍。天然气占能源总量的比例逐年提升，从2012年的4.8%上升至2022年的8.4%。一次电力及其他能源消费量从2011年的39007万吨标准煤增加到2022年的94675万吨标准煤，增长了2.43倍，占比从9.7%提升到17.5%。

从能源消费弹性来看，该阶段能源消费与GDP关联性降低，能源利用技术水平提升，非化石燃料能源需求提升，能源结构不断优化，能源弹性系数2019年以前均低于0.55。2020年以后受新冠疫情和俄乌冲突的影响，能源弹性系统出现大幅度提升，本书将2020—2022年能源消费弹性作为异常点考虑。2012—2019年能源弹性系数均值为0.41，接近发达国家工业化后期的初期水平。

从分能源的增量贡献值来看，2001—2022年，煤炭、石油、天然气和一次电力及其他能源的增量贡献值之和分别为1.41、1.037、1.009和2.454，贡献的均值分别为0.128、0.094、0.091和0.223。相比2001—2011年，该阶段一次电力及其他能源和天然气的增量贡献上升，石油增量贡献略有下降，而煤炭的增量贡献大幅度下降。

### 8.4.4　2011—2022年汽油、煤油、柴油和燃料油需求分析

2012—2022年汽油、煤油消费量均呈现稳定增长趋势，燃料油消费量小幅上升，柴油消费量呈现下降趋势。该阶段汽油消费量从12015万吨标准煤增长到20956万吨标准煤，增长了1.744倍；煤油消费量从2879万吨标准煤增长到了5135吨标准煤，增长了1.78倍；燃料油的消费量从5262万吨标准煤下降到7842万吨标准煤，增长了1.49倍。柴油消费量从24721万吨标准煤下降到了22144吨标准煤，负增长11.6%。该阶段汽油、煤油、柴油和燃料油占能源消费总量的比重均值分别为2.54%、0.65%、3.62%和1.01%。2012—2022年中国化石燃料消费量、消费弹性系数、增量贡献值变化表，如表8-8所示。

表 8-8　　2012—2022 年中国化石燃料消费量、消费弹性系数、增量贡献值变化　　单位：万吨标准煤

| 能源类型 | 指标 | 2022 年 | 2021 年 | 2020 年 | 2019 年 | 2018 年 | 2017 年 | 2016 年 | 2015 年 | 2014 年 | 2013 年 | 2012 年 |
|---|---|---|---|---|---|---|---|---|---|---|---|---|
| 汽油 | 汽油消费量 | — | 20956 | 18786 | 20052 | 19210 | 18093 | 17460 | 16728 | 14385 | 13782 | 12015 |
| | 占比（%） | — | 2.71 | 2.56 | 2.80 | 2.77 | 2.70 | 2.69 | 2.62 | 2.28 | 2.25 | 2.03 |
| | 增速（%） | — | 11.555 | -6.316 | 4.386 | 6.173 | 3.626 | 4.377 | 16.285 | 4.378 | 14.701 | 7.503 |
| | 消费弹性系数 | — | 1.427 | -2.746 | 0.719 | 0.935 | 0.533 | 0.653 | 2.360 | 0.600 | 1.885 | 0.950 |
| | 增量贡献值 | — | 0.035 | -0.080 | 0.020 | 0.025 | 0.014 | 0.017 | 0.052 | 0.013 | 0.038 | 0.019 |
| 煤油 | 煤油消费量 | — | 5135 | 4932 | 5812 | 5376 | 4894 | 4371 | 3919 | 3436 | 3184 | 2879 |
| | 占比（%） | — | 0.66 | 0.67 | 0.81 | 0.77 | 0.73 | 0.67 | 0.61 | 0.55 | 0.52 | 0.49 |
| | 增速（%） | — | 4.111 | -15.142 | 8.122 | 9.835 | 11.972 | 11.525 | 14.057 | 7.918 | 10.604 | 7.700 |
| | 消费弹性系数 | — | 0.507 | -6.583 | 1.331 | 1.490 | 1.761 | 1.720 | 2.037 | 1.085 | 1.359 | 0.975 |
| | 增量贡献值 | — | 0.003 | -0.055 | 0.010 | 0.011 | 0.011 | 0.010 | 0.011 | 0.005 | 0.007 | 0.005 |
| 柴油 | 柴油消费量 | — | 22144 | 20811 | 21737 | 23910 | 24649 | 24536 | 25296 | 25012 | 24990 | 24721 |
| | 占比（%） | — | 2.89 | 2.87 | 3.06 | 3.48 | 3.71 | 3.81 | 4.00 | 4.01 | 4.11 | 4.22 |
| | 增速（%） | — | 6.402 | -4.258 | -9.090 | -2.997 | 0.460 | -3.003 | 1.136 | 0.085 | 1.088 | 8.513 |
| | 消费弹性系数 | — | 0.790 | -1.851 | -1.490 | -0.454 | 0.068 | -0.448 | 0.165 | 0.012 | 0.140 | 1.078 |
| | 增量贡献值 | — | 0.022 | -0.059 | -0.053 | -0.016 | 0.002 | -0.018 | 0.006 | 0.000 | 0.006 | 0.043 |

续表

| 能源类型 | 指标 | 2022年 | 2021年 | 2020年 | 2019年 | 2018年 | 2017年 | 2016年 | 2015年 | 2014年 | 2013年 | 2012年 |
|---|---|---|---|---|---|---|---|---|---|---|---|---|
| 燃料油 | 燃料油消费量 | — | 7842 | 7664 | 6701 | 6480 | 6982 | 6616 | 6660 | 6222 | 5649 | 5262 |
| | 占比（%） | — | 1.04 | 1.08 | 0.96 | 0.96 | 1.07 | 1.05 | 1.07 | 1.02 | 0.95 | 0.92 |
| | 增速（%） | — | 2.324 | 14.376 | 3.401 | -7.187 | 5.534 | -0.664 | 7.038 | 10.154 | 7.349 | 0.559 |
| | 消费弹性系数 | — | 0.287 | 6.250 | 0.558 | -1.089 | 0.814 | -0.099 | 1.020 | 1.391 | 0.942 | 0.071 |
| | 增量贡献值 | — | 0.003 | 0.062 | 0.005 | -0.011 | 0.008 | -0.001 | 0.010 | 0.013 | 0.009 | 0.001 |

从弹性系数来看，汽油消费弹性系数波动范围在 -2.746—1.885，2020 年受疫情影响考虑为异常点，均值为 0.73，与 2001—2011 年阶段的 0.71 基本持平；煤油的弹性系数波动幅度在 -6.583—2.037，均值 0.57；柴油的弹性系数波动范围在 -1.851—1.078，均值为 -0.2；燃料油的弹性系数波动幅度较大，波动范围在 -1.089—6.25，均值为 1.015。

从增量贡献来看，2001—2022 年，汽油、煤油、柴油和燃料油的增量贡献值之和分别为 0.153、0.018、-0.067 和 0.099。相比 2001—2011 年汽油的增量贡献基本持平，柴油的增量贡献降为负值，而燃料油的增量贡献提升，仅次于汽油。

## 8.5 基于需求情景预测的能源转型结构安全分析

### 8.5.1 能源需求演变趋势分析

2020 年中国首次提出“2030 年前达到碳峰值，2060 年前实现碳中和”的双碳目标。2022 年国家发改委、国家能源局、财政部、自然资源部、生态环境部、住房城乡建设部、农业农村部、气象局、林草局等部门联合印发《“十四五”可再生能源发展规划》提出 2025 年，全国可再生能源年利用量折合 10 亿吨标准煤，以减少碳排放。2022 年发改委、能源局发布《“十四五”现代能源体系规划》，进一步明确提出“十四五”时期（2020—2025 年）现代能源体系建设的主要目标之一是非化石能源消费达到 20%；到 2035 年，基本建成现代能源体系，在 2030 年非化石能源消费占比达到 25% 的基础上，这一比例将进一步提升，可再生能源发电将崛起成为主要的电力来源，同时，新型电力系统的构建将取得显著成果，碳排放总量在达到峰值后将保持稳定并逐步下降。中国非化石能源的快速发展，对化石燃料能源起到替代作用。

2001—2022年，一次电力及其他能源占能源总量的比重从8.4%提升至17.5%，根据国家规划，2025年非化石能源消费达到20%，2030年达到25%，2035年比例将进一步提升。煤炭消费需求将持续下降，2001—2022年，煤炭占能源总量的比重从68%下降至56.2%，石油消费需求缓慢下降，其占比从21.2%下降到17.9%。由于天然气为清洁能源，其占比从2.4%提升到8.4%，上升趋势显著。

### 8.5.2　化石燃料增量贡献值预测

在双碳目标背景下，考虑全球应对气候危机，实现“能源转型”的显著特征，中国新型能源发展态势、可再生能源开发利用技术，中国经济发展阶段等因素，对化石燃料能源，包括煤炭、石油、天然气、汽油、煤油、柴油和燃料油的增量贡献值和消费需求进行预测。

根据《“十四五”现代能源体系规划》《“十四五”可再生能源发展规划》等文件规划，2025年非化石能源消费占能源消费总额达到20%；2030年达到25%；2035年其消费比重将进一步大幅提高，预测2035年占比达到30%，通过本书3.4.4节中计算方法，计算出非化石能源消费的增量贡献值。不同情景下中国非化石燃料增量贡献值如表8-9所示。

**表8-9　　不同情景下中国非化石燃料增量贡献值**

| 预测年份 | 情景 | 2022年能源消费总量/万吨标准煤 | 预测期GDP增速 | 预测期弹性系数 | 预测年数 | 预测期总量/万吨标准煤 | 非化石能源消费占比 | 增量贡献值 |
|---|---|---|---|---|---|---|---|---|
| 2030年 | 情景1 | 541000 | 5.5% | 0.4 | 7 | 630019 | 25% | 0.282 |
| | 情景2 | 541000 | 5.5% | 0.45 | 7 | 641982 | 25% | 0.293 |
| 2035年 | 情景1 | 541000 | 5% | 0.4 | 5 | 695592 | 30% | 0.295 |
| | 情景2 | 541000 | 5% | 0.45 | 5 | 717529 | 30% | 0.307 |

采用加权移动平均法预测石油和天然气的增量贡献值，对不同年份的增量贡献值分别给予不同的权数，按不同权数求得移动平均值，并以最后的移动平均值确定预测值。观察值选择12年的增量贡献值，每年的权重均为1，计算加权移动平均得到2030年石油和天然气的增

量贡献值分别为 0.082 和 0.104。2035 年石油和天然气的增量贡献分别为 0.086 和 0.097。

煤炭消费的增长对能源消费总量的贡献度密切相关，其受到整体能源需求水平以及其他能源发展状况的显著影响。煤炭消费增量贡献值与能源消费总量关联性强，受能源总需求和其他能源发展的影响较大。煤炭是我国比重最大的能源消费品种，是中国的基础能源，对保障国家能源安全具有重要作用。因此在充分考虑一次性电力及其他能源、石油、天然气的发展态势后，预测能源需求弹性系数后，运用增量贡献法计算得到煤炭增量贡献值。采用加权移动平均法预测汽油、煤油、柴油和天然气的增量贡献值如表 8-10 所示。

**表 8-10　不同情景下不同化石燃料能源的增量贡献值** 单位：万吨标准煤

| | | 一次电力及其他能源 | 石油 | 天然气 | 煤炭 | 汽油 | 煤油 | 柴油 | 燃料油 |
|---|---|---|---|---|---|---|---|---|---|
| 情景 1 | 2030 年 | 0.282 | 0.082 | 0.104 | -0.068 | 0.01 | 0.001 | -0.014 | 0.011 |
| | 2035 年 | 0.295 | 0.086 | 0.097 | -0.078 | 0.014 | 0.001 | -0.007 | 0.01 |
| 情景 2 | 2030 年 | 0.293 | 0.082 | 0.104 | -0.029 | 0.01 | 0.001 | -0.014 | 0.011 |
| | 2035 年 | 0.307 | 0.086 | 0.097 | -0.040 | 0.014 | 0.001 | -0.007 | 0.01 |

### 8.5.3　化石燃料供需结构及需求预测

两种不同情景下，分别进行 2030 年、2035 年中国化石燃料能源需求预测。预测分为两阶段，第一阶段以 2022 年为基准年，预测煤炭、石油和天然气消费量。以 2021 年数据作为基准年（2022 年数据缺失），预测 2030 年汽油、煤油、柴油和燃料油消费量。第二阶段，在 2030 年预测数据的基础上，以 2030 年为基准年，预测 2035 年煤炭、石油、天然气、汽油、煤油、柴油和燃料油的消费量，如表 8-11 所示。

情景 1：将 2022 年作为基期，2023—2030 年 GDP 年增速为 5.5%，能源消费弹性系数为 0.4，2030 年能源消费总量分别为 630019 万吨标准煤。2030 年汽油、煤油、柴油和燃料油增量贡献值分别为 0.01、

0.001、-0.014 和 0.011，其对应的能源消费需求分别为 23181、5358、19028 和 7937 万吨标准煤。2030 年煤炭、石油和天然气的增量贡献值分别为 -0.068、0.082 和 0.104，预测 2030 年对应的能源消费需求分别为 288909、115088 和 68589 万吨标准煤，分别占中国能源消费总量的 45.86%、18.27% 和 10.89%。从需求结构来看，煤炭占能源消费量的比重逐年下降，石油和天然气相比基期消费量占比略有提升。

以 2030 年作为基期，能源消费弹性系数为 0.4，2031—2035 年 GDP 年增速为 5%，2035 年能源消费总量为 695592 万吨标准煤。2035 年汽油、煤油、柴油和燃料油增量贡献值分别为 0.014、0.001、-0.007 和 0.01，其对应的能源消费需求分别为 25477、5521、17881 和 9577 万吨标准煤。2035 年煤炭、石油和天然气的增量贡献值分别为 -0.078、0.086 和 0.097，预测 2035 年对应的能源消费需求分别为 276197、129112 和 84489 万吨标准煤，分别占中国能源消费总量的 39.71%、18.56% 和 12.15%，煤炭占能源消费量的比重进一步下降。

情景 2：将 2022 年作为基期，2023—2030 年 GDP 年增速为 5.5%，能源消费弹性系数为 0.45，2030 年能源消费总量为 641982 万吨标准煤。2030 年汽油、煤油、柴油和燃料油增量贡献值分别为 0.01、0.001、-0.014 和 0.011，其对应的能源消费需求分别为 23200、5359、19002 和 7958 万吨标准煤。2030 年煤炭、石油和天然气的增量贡献值分别为 -0.029、0.082 和 0.104，预测 2030 年对应的能源消费需求分别为 297534、115240 和 68782 万吨标准煤，分别占中国能源消费总量的 46.35%、17.95% 和 10.71%。从需求结构来看，当消费弹性系数增加时，煤炭占能源消费量的比重略有上升。

以 2030 年作为基期，能源消费弹性系数为 0.44，2031—2035 年 GDP 年增速为 5%，2035 年能源消费总量为 695592 万吨标准煤。2035 年汽油、煤油、柴油和燃料油增量贡献值分别为 0.014、0.001、-0.007 和 0.01，其对应的能源消费需求分别为 25550、5527、17827 和 9637 万吨标准煤。2035 年煤炭、石油和天然气的增量贡献值分别为 -0.04、0.086 和 0.097，预测 2035 年对应的能源消费需求分别为

**表 8 – 11　　不同情景下中国化石燃料需求预测**

单位：万吨标准煤

| 情景 | 化石燃料 | 基期能源消费总量 | 基期各能源消费量 | 预测期能源消费弹性系数 | 2024—2030 年 GDP 增速（%） | 2030 年能源消费总量 | 分能源增量贡献值 | 2030 年分能源消费增量 | 2030 年分能源消费量 | 分能源占比（%） | 2031—2035 年 GDP 增速（%） | 2035 年能源消费总量 | 分能源增量贡献值 | 2035 年分能源消费增量 | 2035 年分能源消费量 | 分能源占比（%） |
|---|---|---|---|---|---|---|---|---|---|---|---|---|---|---|---|---|
| 情景 1 | 煤炭 | 541000 | 304042 | 0.4 | 5.5 | 630019 | –0.068 | –15133 | 288909 | 45.86 | 5 | 695592 | –0.078 | –12711 | 276197 | 39.71 |
| | 石油 | 541000 | 96839 | 0.4 | 5.5 | 630019 | 0.082 | 18249 | 115088 | 18.27 | 5 | 695592 | 0.086 | 14024 | 129112 | 18.56 |
| | 天然气 | 541000 | 45444 | 0.4 | 5.5 | 630019 | 0.104 | 23145 | 68589 | 10.89 | 5 | 695592 | 0.097 | 15900 | 84489 | 12.15 |
| | 汽油 | 541000 | 20956 | 0.4 | 5.5 | 630019 | 0.01 | 2225 | 23181 | 3.68 | 5 | 695592 | 0.014 | 2295 | 25477 | 3.66 |
| | 煤油 | 541000 | 5135 | 0.4 | 5.5 | 630019 | 0.001 | 223 | 5358 | 0.85 | 5 | 695592 | 0.001 | 164 | 5521 | 0.79 |
| | 柴油 | 541000 | 22144 | 0.4 | 5.5 | 630019 | –0.014 | –3116 | 19028 | 3.02 | 5 | 695592 | –0.007 | –1148 | 17881 | 2.57 |
| | 燃料油 | 541000 | 5489.28 | 0.4 | 5.5 | 630019 | 0.011 | 2448 | 7937 | 1.26 | 5 | 695592 | 0.010 | 1639 | 9577 | 1.38 |
| 情景 2 | 煤炭 | 541000 | 304042 | 0.45 | 5.5 | 641982 | –0.029 | –6508 | 297534 | 46.35 | 5 | 717529 | –0.040 | –6715 | 290819 | 40.53 |
| | 石油 | 541000 | 96839 | 0.45 | 5.5 | 641982 | 0.082 | 18401 | 115240 | 17.95 | 5 | 717529 | 0.086 | 14438 | 129678 | 18.07 |
| | 天然气 | 541000 | 45444 | 0.45 | 5.5 | 641982 | 0.104 | 23338 | 68782 | 10.71 | 5 | 717529 | 0.097 | 16285 | 85067 | 11.86 |
| | 汽油 | 541000 | 20956 | 0.45 | 5.5 | 641982 | 0.01 | 2244 | 23200 | 3.61 | 5 | 717529 | 0.014 | 2350 | 25550 | 3.56 |
| | 煤油 | 541000 | 5135 | 0.45 | 5.5 | 641982 | 0.001 | 224 | 5359 | 0.83 | 5 | 717529 | 0.001 | 168 | 5527 | 0.77 |
| | 柴油 | 541000 | 22144 | 0.45 | 5.5 | 641982 | –0.014 | –3142 | 19002 | 2.96 | 5 | 717529 | –0.007 | –1175 | 17827 | 2.48 |
| | 燃料油 | 541000 | 5489.28 | 0.45 | 5.5 | 641982 | 0.011 | 2468 | 7958 | 1.24 | 5 | 717529 | 0.010 | 1679 | 9637 | 1.34 |

290819、129687 和 85067 万吨标准煤，分别占中国能源消费总量的 40.53%、18.07%和 11.86%，清洁能源转型进程加快。

## 8.6　本章小结

随着全球气候急剧变化和环境问题，中国力争实现二氧化碳排放在 2030 年前达到碳峰值，2060 年前实现碳中和的“双碳”目标，积极推进能源转型，调整能源供需结构，非化石能源逐步成为重要的消费能源。

本书系统分析 2001—2022 年中国经济发展、能源供给、能源消费、能源弹性系数的变化情况，中国经济从快速工业化阶段，逐步进入步入经济发展新常态，经济增长速度由高速过渡为中高速。能源供需从高耗能的粗放型发展，逐步转变为高质量发展阶段转变，供需结构不断优化，能源消费弹性将保持较低水平发展。

运用弹性分析法预测了 2030 年、2035 年中国能源消费总需求分别为 630019—641982 万吨标准煤；695592—717529 万吨标准煤。根据《“十四五”现代能源体系规划》《“十四五”可再生能源发展规划》文件非化石燃料能源发展规划数据，采用增量贡献法和加权移动平均法，测算了 2030 年煤炭、石油、天然气、汽油、煤油、柴油和燃料油消费需求分别为 288909—297534 万吨标准煤，11508—115240 万吨标准煤，68589—68782 万吨标准煤，23181—23200 万吨标准煤，5358—5359 万吨标准煤，19028—19002 万吨标准煤，7937—7958 万吨标准煤。煤炭、石油和天然气所在能源消费总量的比重分别为 45.68%—46.35%、17.95%—18.27%、10.71%—10.89%，误差为 0.1%。

测算了 2035 年煤炭、石油、天然气、汽油、煤油、柴油和燃料油消费需求分别为 276197—290819 万吨标准煤，129112—129678 万吨标准煤，84489—85067 万吨标准煤，25477—25550 万吨标准煤，5521—5527 万吨标准煤，17881—17827 万吨标准煤，9577—9637 万吨标准煤。

煤炭、石油和天然气所在能源消费总量的比重分别为 39.71%—40.53%、18.07%—18.56%、11.86%—12.15%，误差为0.4%。

双碳目标下我国能源需求结构正加速调整，中国水电、风电、太阳能等可再生能源发电装机容量已经位居世界第一，中国能源将从以煤为主将逐步过渡到煤炭、石油、天然气、一次电力及其他能源多能并存的能源供需结构，最终形成以可非化石能源为主的能源结构。预计中国化石燃料消费进入中低速发展阶段，煤炭的消费总量将逐年降低；石油消费与能源消费总量速度基本一致，天然气作为高效低碳清洁能源将成为中国能源消费的重要品种。

# 第 9 章 我国化石能源的环境安全分析

化石燃料是关系国家能源安全的关键因素，研判我国未来化石燃料需求发展趋势，稳定充足地获得化石燃料，对保障我国国家政治稳定、国民经济正常运行和国家军事安全具有重要意义。在我国低碳排放背景下，从能源安全视域出发，基于 1997—2019 年中国碳排放和 GDP 数据，运用岭回归、ARIMA 时间序列模型、BP 神经网络和线性回归四种方法，对原煤、焦炭、原油、煤油、柴油和天然气六种化石燃料的需求进行预测分析，为国家能源政策制定和化石燃料安全预警提供参考。

## 9.1 碳减排目标下化石能源供需问题的提出

化石燃料既是国家不可或缺的主要能源和石化原料，也是重要的战略物资和人们日常生活中最重要的基本资源[158]。化石燃料出口国的经济冲击、国际贸易争端、地缘政治事件和政治不稳定造成的供应中断是不可避免的，这给进口国的能源安全带来了压力[159],[160]。

我国化石燃料对外依存度高，以石油和天然气为例，其对外进口依存度分别超过70%和43%；而车用汽油和航空汽油、石脑油、航空煤油、5－7号燃料油的对外依存度则超过80%，远高于国际能源署对进口依存度设置的警戒线[161]—[163]。我国化石燃料消费需求的大量增长和有限的国内供应，造成我国对化石燃料进口的需求加强。化石燃料价格暴涨暴跌对我国经济的冲击风险不断叠加，突发性的化石燃料供短缺将会影响人们的正常工作、生活和经济发展，危害大、范围广、衍生性强，对化石燃料需求预测对国家能源政策制定和实现化石燃料安全预警具有重要意义。

我国是世界上最大的能源消费国和一氧化碳排放者，二氧化碳排放量占全球排放量的30%[164]。二氧化碳的排放源主要来自化石燃料的消耗，地球大气二氧化碳浓度不断提高，会导致全球变暖，引发生物物种、海洋生态、土地、森林等一系列生态问题。中国政府承诺，实现单位国内生产总值二氧化碳排放比2020年下降18%的目标。到2030年，其排放强度（单位GDP二氧化碳排放量）将比2005年水平降低60%—65%。力争于2030年前达到峰值，努力争取2060年前实现碳中和的奋斗目标。中国提出了二氧化碳排放碳中和的目标也直接影响国家的化石燃料的能源需求。

近年来，碳排放量与化石燃料消费的关联性引起了学者们的关注。Khalid[165]研究表明沙特阿拉伯的碳排放量和收入之间存在单调增加的关系，总油耗和运输油耗的弹性为正且显著；Rida等[166]进一步研究发现无论发展中国家和发达国家，较高的能源消耗已成为碳排放的罪魁祸首。Weng等[167]研究结果表明经济增长与能源消费有很强的正相关关系，并预测北京人均碳排放总量。已有的研究关注经济增长、能源消费与碳排放总量的相互关系，鲜有通过国民经济各个部门的碳排放量，对能源需求展开研究。

能源是国家强盛的动力与安全的基石，学者们已达成共识。对于化石燃料需求的研究，学术界已经积累了丰富的研究成果。现有研究主要集中在两大方面：一是需求预测的影响因素，如Huang等[154]全域旅游的角度出发，运用游客人数、旅游总花费、国际旅游长途交通收入、国际旅游民航收入等因素，进行石油需求预测；Yu等[116]提出一种基于谷歌趋势的在线大数据驱动的石油消费预测模型。纪利群等[117]直接运用中国历年石油消费量数据，预测石油需求。郑明贵等[153]选取中国GDP、国际石油价格、单位GDP能耗、产业结构、城镇化率和石油产量预测石油需求；徐英俊等[168]基于中国新能源汽车的发展对中国汽油需求量进行长期趋势预测；郭煜等[169]运用分能源的增量贡献值进行陕西省能源消费预测；Yuan等[170]运用灰色系统理论预测全球石油消费需求；等等。但是研究中鲜有对数据的序列线性和非线性关系缺乏探讨。

二是化石燃料需求预测的方法研究，主要有计量经济方法和机器学习方法两大类，如比较分析法、人工神经网络、灰色分析理论；回归分析法、趋势递推法等。如Al - Qaness等[171]基于正弦余弦算法优化的自适应神经模糊推理系统的石油消费量预测；文炳洲等[121]选用灰色系统模型、三次指数平滑模型和BP神经网络模型三种预测模型，研究成果表明，运用神经网络方法进行需求预测，能取得预测效果良好；李振宇等[172]采用因子分析法和Logistic模型，建立基于情景分析的石油消费需求预测模型；张露等[173]运用岭回归方法对山东省能源需求总量进行预测等等。而在单一的预测模型在反映数据信息上有限，预测精度不及集成预测模型，集成模型比单一模型具有更高的预测准确率。

综上所述，对于化石燃料需求预测的研究已经取得了丰富的研究成果，为本研究提供了参考和借鉴。但现有研究大多集中在石油、天然气等单一品种的需求预测，鲜有学者综合对中国的化石燃料的需求全貌进行综合分析。从影响化石燃料需求的影响因素来看，现有大量的研究已表明经济增长、碳排放和能源消耗之间存在强相关性，而融合考虑经济增长、碳排放量对能源需求的影响尚缺乏探讨。从研究方法来看，学者们提出了多种预测方法，对于特定的数据集缺乏方法上的横向对比探讨。因此，本书从能源安全视角出发，拟运用中国1997—2019年的碳排放数据、GDP数据，运用岭回归、ARIMA时间序列模型、BP神经网络回归和线性回归四种方法对中国的化石燃料，包括原煤、焦炭、原油、煤油、柴油和天然气等的需求进行预测分析，提出最佳的化石燃料需求预测方法，并对中国2025—2030年的石油需求进行情景预测。

## 9.2　碳排放大数据获取与预处理

本书碳排放数据来源于 CEADs 中国碳核算数据库（https：//www. ceads. net. cn/）提供的中国 1997—2019 年二氧化碳排放清单。碳排放清单提供六种主要的化石燃料包括原煤、焦炭、原油、煤油、柴油和天然气的碳排放数据，分别在 47 个国民经济部门的碳排放量，具体包括农、林、牧、渔业及水利业，煤炭开采和洗选业，石油和天然气开采业，黑色金属矿采选业，有色金属矿采选业，非金属矿采选业，其他矿采选业，木材采运业，食品制造业，食品加工业，饮料制造业，烟草制品业，纺织业，服装及其他纤维制品制造业，皮革、毛皮、羽毛及其制品和制鞋业，木材加工及竹、藤、棕、草制品业，家具制造业，造纸及纸制品业，印刷业和记录媒介的复制业，文教体育用品制造业，石油加工、炼焦及核燃料加工业，化学原料及化学制品制造业，医药制造业，化学纤维制造业，橡胶制品业，塑料制品业，非金属矿物制品业，黑色金属冶炼及压延加工业，有色金属冶炼及压延加工业，金属制品业，通用设备制造业，专用设备制造业，运输设备制造业，电气机械及器材制造业，电子及通信设备制造业，仪器仪表及文化、办公用机械制造业，其他制造业，废弃资源和废旧材料回收加工业，电力、热力生产和供应业，燃气生产和供应业，自来水生产和供应业，建筑业，交通运输、仓储和邮政业，批发和零售业、住宿和餐饮业，其他行业，以及城镇居民生活和农村居民生活。本书中化石燃料需求预测所涉及的中国 GDP 数据来源于中华人民共和国国家统计局发布的 1998—2020 年《中国统计年鉴》。

原始数据存在个别数据缺失的问题，需要对数据进行预处理，从而提升数据分析的质量。本书中碳数据存在数据缺失问题，本书采用期望最大化方法（Expectation Maximization，EM）填补缺失值。期望最大化是取得最大似然估计量（ML）的一个非常普遍的方法，其包含两个步骤，一个是期望步骤，另一个是最大化步骤，这两个步骤在一个迭代的过程中多次重复，最终收敛到ML估计值[174]。

## 9.3 碳减排目标下基于机器学习方法的化石能源需求分析

本书以1997—2019年中国GDP、总的碳排放量、国民经济各部门的碳排放量作为输入变量，以化石燃料消费总量作为输出变量，分别预测原煤、焦炭、原油、煤油、柴油和天然气的消费需求。将数据集分为训练集、验证集和测试集，其中70%的样本作为训练集，30%的样本为测试集，采用岭回归、ARIMA时间序列模型、BP神经网络和线性回归四种方法，进行需求预测分析。

设定预测模型参数，通过对1997—2019年化石燃料消费量输入变量数据进行反复试验，设定BP神经网络隐藏第1层的神经元数量为100，学习速率值为0.1，训练要求精度值为0.00001，最大训练次数为1000。运用中国碳排放总量，对化石燃料需求进行预测。不同预测方法的化石燃料需求预测结果如表9-1所示。

运用四种不同方法对化石燃料需求进行预测，得到2013—2019年原煤、焦炭、原油、煤油、柴油和天然气的六种燃料的消费需求预测结果。为更加直观地比较不同模型预测值与目标值之间的差异，将预测值与实际值之间的差值取绝对值，比较不同模型的预测值与实际值的差异程度，将与实际差距最小的预测值用黑体加粗突出标注。将化石燃料的平均绝对误差（MAE），误差均方根RMSE和平均绝对百分误差（MAPE）最小值加粗显示。

运用岭回归、ARIMA时间序列、BP神经网络、线性回归，四种方法对原煤需求进行预测，结果如表9-1、表9-2所示。从模型拟合优度、误差表现及其适用性等方面，分析原煤需求预测结果。

表 9-1　　不同预测方法的化石燃料需求预测结果

| 年份 | 碳排放 | 原煤 | | | | | 焦炭 | | | | | 原油 | | | | | 煤油 | | | | | 柴油 | | | | | 天然气 | | | | |
|---|---|---|---|---|---|---|---|---|---|---|---|---|---|---|---|---|---|---|---|---|---|---|---|---|---|---|---|---|---|---|---|
| | 中国总的碳排放量（百万吨） | 实际消费量（万吨） | 岭回归预测值 | ARIMA时间序列预测值 | BP神经网络预测值 | 线性回归预测值 | 实际消费量（万吨） | 岭回归预测值 | ARIMA时间序列预测值 | BP神经网络预测值 | 线性回归预测值 | 实际消费量（万吨） | 岭回归预测值 | ARIMA时间序列预测值 | BP神经网络预测值 | 线性回归预测值 | 实际消费量（万吨） | 岭回归预测值 | ARIMA时间序列预测值 | BP神经网络预测值 | 线性回归预测值 | 实际消费量（万吨） | 岭回归预测值 | ARIMA时间序列预测值 | BP神经网络预测值 | 线性回归预测值 | 实际消费量（亿立方岭回归预测值米） | 岭回归预测值 | ARIMA时间序列预测值 | BP神经网络预测值 | 线性回归预测值 |
| 2013 | 9081 | 424426 | 424509 | 413854 | 429640 | 430457 | 45852 | 45811 | 46418 | 46422 | 45552 | 48652 | 49993 | 49495 | 52385 | 54040 | 2164 | 2268 | 2165 | — | — | 17151 | 17291 | 17856 | 17184 | 17337 | 1705 | 1707 | 1613 | — | — |
| 2014 | 9534 | 413633 | 405449 | 425794 | 374423 | 393275 | 46885 | 46147 | 47465 | 45910 | 46831 | 51597 | 52624 | 51523 | 57102 | 55221 | 2335 | 2445 | 2388 | 2335 | 2307 | 17165 | 17202 | 17649 | 17267 | 17447 | 1871 | 1862 | 1664 | 1888 | 1974 |
| 2015 | 9451 | 399834 | 401748 | 437733 | 368405 | 362441 | 44059 | 44820 | 48498 | 40894 | 42011 | 54788 | 54124 | 54581 | 59024 | 60919 | 2664 | 2631 | 2571 | 2450 | 2644 | 17360 | 17237 | 17371 | 17476 | 17523 | 1932 | 1946 | 1924 | 2022 | 2099 |
| 2016 | 9254 | 388820 | 394225 | 449673 | 356415 | 381206 | 45462 | 44832 | 45672 | 42359 | 42784 | 57126 | 56482 | 57891 | 59243 | 66959 | 2971 | 2882 | 2920 | 2614 | 2968 | 16839 | 16683 | 17482 | 17010 | 17153 | 2078 | 2081 | 2047 | 2211 | 2282 |
| 2017 | 9256 | 391403 | 400007 | 461612 | 365234 | 411062 | 43743 | 43773 | 47075 | 37779 | 42103 | 59402 | 58288 | 60296 | 63620 | 75624 | 3326 | 3164 | 3245 | 2827 | 3331 | 16917 | 16848 | 16597 | 17097 | 17557 | 2394 | 2394 | 2004 | 2453 | 2544 |
| 2018 | 9408 | 397452 | 390447 | 473551 | 361548 | 418121 | 43717 | 43460 | 45356 | 37395 | 34511 | — | — | — | — | — | 3654 | 3578 | 3620 | 3049 | 3692 | 16410 | 15901 | 16738 | 16815 | 17090 | 2817 | 2813 | 2235 | 2704 | 2720 |
| 2019 | 9621 | 401915 | 394849 | 485491 | 344175 | 424897 | 46426 | 46279 | 45330 | 40804 | 39349 | — | — | — | — | — | 3950 | 3956 | 3964 | 3282 | 3965 | 14918 | 15199 | 16006 | 15455 | 15736 | 3060 | 3045 | 2720 | 2967 | 3115 |

表9-2 不同预测方法的统计误差

| | 原煤 | | | | 焦炭 | | | | 原油 | | | | 煤油 | | | | 柴油 | | | | 天然气 | | | |
|---|---|---|---|---|---|---|---|---|---|---|---|---|---|---|---|---|---|---|---|---|---|---|---|---|
| | 岭回归预测值 | ARIMA时间序列预测值 | BP神经网络预测值 | 线性回归预测值 | 岭回归预测值 | ARIMA时间序列预测值 | BP神经网络预测值 | 线性回归预测值 | 岭回归预测值 | ARIMA时间序列预测值 | BP神经网络预测值 | 线性回归预测值 | 岭回归预测值 | ARIMA时间序列预测值 | BP神经网络预测值 | 线性回归预测值 | 岭回归预测值 | ARIMA时间序列预测值 | BP神经网络预测值 | 线性回归预测值 | 岭回归预测值 | ARIMA时间序列预测值 | BP神经网络预测值 | 线性回归预测值 |
| MAE | 5466 | 50196 | 32582 | 19244 | 372.00 | 1694.00 | 3674.43 | 3286.14 | 958.00 | 556.6 | 3961.80 | 8239.60 | 79.33 | 54.33 | 390.50 | 18.17 | 187.86 | 568.71 | 220.57 | 440.43 | 7.50 | 66.83 | 84.17 | 129.33 |
| RMSE | 6244 | 57451 | 35678 | 21544 | 479.72 | 2248.66 | 4277.27 | 4613.38 | 994.95 | 654.74 | 4109.92 | 9376.51 | 94.13 | 60.51 | 453.60 | 21.94 | 240.01 | 681.32 | 277.48 | 504.33 | 9.37 | 75.58 | 92.17 | 138.47 |
| MAPE | 1.37% | 12.65% | 7.14% | 5.27% | 0.82% | 3.8% | 6.73% | 8.34% | 1.79% | 1.02% | 7.25% | 13.82% | 2.67% | 1.55% | 11.43% | 0.67% | 1.15% | 3.13% | 1.31% | 2.65% | 0.33% | 10.19% | 3.94% | 5.75% |

### 9.3.1 原煤需求预测结果分析

（1）岭回归方法分析

岭回归方法通过岭迹图确定了各个自变量的标准化回归系数趋于稳定时的最小值，$R^2$ 值达到了 0.996，这表明模型对数据的拟合度非常高，能够很好地捕捉原煤需求的变化规律。岭回归方法预测误差来看，平均绝对误差（MAE）为 5466 万吨，在所有模型中最小；均方根误差（RMSE）为 6244 万吨，表现最佳；平均绝对百分比误差（MAPE）为 1.37%，显著优于其他三种模型。从每年的预测值来看，岭回归模型的预测值与真实值最接近，偏差较小。2019 年的真实值 424426 万吨，岭回归预测为 424509 万吨，仅相差 83 万吨，说明了岭回归方法在原煤需求预测中的高准确性。岭回归方法在处理多重共线性问题方面具有优势，能够稳定地选择出对原煤需求有显著影响的自变量，从而提高预测的准确性。

（2）ARIMA 时间序列方法分析

采用 ARIMA 时间序列方法预测时，在差分为 0 阶时，显著性 P 值为 0.011，水平上呈现显著性，但这并不直接说明序列是平稳的。ARIMA 时间序列方法的预测结果偏差较大，MAPE 值高达 12.65%，是四种方法中最高的。这表明 ARIMA 方法在处理原煤需求这类可能受到多种因素影响的复杂时间序列数据时，可能无法充分捕捉其动态变化。

从预测误差来看，ARIMA 时间序列方法 MAE 值为 50196 万吨，误差远高于岭回归；RMSE 值为 57451 万吨，误差波动较大；MAPE 值为 12.65%，为四种模型中最高，说明其对原煤需求的预测偏差最明显。ARIMA 模型对原煤需求预测偏差较大，2019 年的真实值 424426 万吨，预测值仅为 413854 万吨，相差 10572 万吨。考虑该方法主要依赖于时间序列数据的历史信息来进行预测，对于外部因素（如政策变化、市场需求突变等）的考虑不足，这可能导致预测结果的偏差。

（3）BP 神经网络方法分析

BP 神经网络的预测结果优于 ARIMA 方法，但劣于岭回归和线性回归。其MAPE值为7.14%，虽然不算很高，但也表明神经网络在处理原煤需求预测时还存在一定的提升空间。从预测误差来看，BP神经网络的MAE值为32582万吨，显著高于岭回归，但低于ARIMA；RMSE值为35678万吨，误差波动较大；MAPE值为7.14%，在四种方法中属于中等水平。BP神经网络模型预测值普遍偏高，2019年的真实值424426万吨，预测值为429640万吨，相差5214万吨。部分年份预测偏差极大，2021年的真实值391403万吨，预测为461612万吨，偏差高达70209万吨。神经网络具有强大的非线性拟合能力，能够捕捉数据中的复杂关系。然而，它也容易受到过拟合和局部最优解的影响，导致预测结果的不稳定。此外，神经网络的训练过程需要大量的数据和计算资源。

(4) 线性回归方法分析

线性回归方法表现不及岭回归方法，但也具有一定参考价值。线性回归方法的MAE值为19244万吨，高于岭回归但显著低于BP神经网络和ARIMA；RMSE值为21544万吨，误差波动较小；MAPE值为5.27%，在四种方法中位居第二。2019年，原煤需求真实值424426万吨，预测值为430457万吨，误差为6031万吨。但2021年的真实值391403万吨，预测值为411062万吨，偏差为19659万吨。线性回归方法的预测结果优于BP神经网络和ARIMA方法，但劣于岭回归。线性回归方法较为简单，计算量小，且能够直接给出自变量与因变量之间的线性关系。然而，当数据中存在非线性关系或多重共线性时，线性回归的预测结果可能会受到影响。

综合考虑四种方法的预测准确性和适用性，岭回归方法在原煤需求预测中表现最佳。

### 9.3.2　焦炭需求预测结果分析

岭回归是一种改良的最小二乘估计法，通过引入L2正则化项来防止过拟合，提高模型的泛化能力。从提供的数据来看，岭回归模型的拟合优度$R^2$值为0.999，表明模型对数据的拟合程度非常好，预测值与真实值相差较小。岭回归方法预测焦炭需求平均绝对误差（MAE）为372

万吨；均方根误差（RMSE）为 497.72 万吨；平均绝对百分误差（MAPE）为 0.82%。在所有方法中，岭回归的误差最小，尤其是 MAPE 值显著低于其他模型，表明预测结果与实际值接近。如 2019 年，真实值为 46426 万吨，岭回归预测为 46279 万吨，仅相差 147 万吨，说明岭回归方法能够较为准确地预测焦炭消费需求。

ARIMA 时间序列是一种时间序列预测方法，适用于具有时间相关性的数据。在差分为 2 阶时，显著性 P 值接近于 0，表明序列为平稳的时间序列，这是进行 ARIMA 模型拟合的前提。该模型的拟合优度 $R^2$ 为 0.972，虽然略低于岭回归，但仍然表现出较好的拟合效果。ARIMA 时间序列方法预测焦炭需求平均绝对误差（MAE）为 1694 万吨；RMSE 为 2248.66 万吨；平均绝对百分误差（MAPE）为 3.8%，优于 BP 神经网络和线性回归方法，说明 ARIMA 时间序列模型在预测焦炭需求方面具有一定的优势。

BP 神经网络是一种基于误差反向传播算法的多层前馈网络，适用于处理非线性问题。从数据来看，BP 神经网络的预测效果并不理想，平均绝对百分误差（MAPE）高达 6.73%，远高于岭回归和 ARIMA 时间序列方法。BP 神经网络方法 MAE 值为 3674.43 万吨；RMSE 为 4277.27 万吨；MAPE 值为 6.73%。2019 年，焦炭需求的真实值为 46426 万吨，预测值为 40804 万吨，偏差 5622 万吨。BP 神经网络在预测中表现中等，误差明显高于岭回归和 ARIMA 时间序列方法，尤其是在部分年份表现出较大的波动。

线性回归是一种最简单的预测方法，通过拟合数据的线性关系来进行预测，但从误差和预测值表现推测线性回归的拟合能力较弱。线性回归方法预测焦炭需求 MAE 值为 3286.14 万吨；RMSE 值为 4613.38 万吨；MAPE 为 8.34%。线性回归的预测误差为四种方法中最大，表明其预测值与实际值偏差较大。如 2019 年的真实值为 46426 万吨，线性回归预测为 39349 万吨，偏差达 7077 万吨，表现最差。线性回归方法在焦炭需求预测中表现较差，其线性假设不适用于复杂的需求变化。这可能是由于焦炭需求受到多种因素的影响，而线性回归无法捕捉这些复杂的非线性关系。

总体而言，岭回归和 ARIMA 时间序列方法在预测焦炭需求方面表现出较好的准确性和稳定性，其中岭回归的预测效果最优。BP 神经网络和线性回归方法的预测准确性较低。岭回归方法的误差相对较小，且各年份的预测值与真实值相差不大。ARIMA 时间序列方法的误差虽然大于岭回归，但整体表现仍然较为稳定。BP 神经网络和线性回归方法的误差较大，且各年份的预测值与真实值相差较大，说明这两种方法对于焦炭需求的预测存在较大的不确定性。

### 9.3.3　原油预测结果分析

岭回归在预测原油需求方面表现出较高的准确性，尽管预测值与实际消费量之间存在一定误差，但误差范围相对较小，且整体趋势与实际消费量保持一致。岭回归预测原油需求的平均绝对误差（MAE）为 958 万吨；均方根误差（RMSE）为 994.95 万吨；平均绝对百分误差（MAPE）为 1.79%。2013 年实际消费量为 48652 万吨，岭回归预测为 49993 万吨，偏差 1341 万吨，相对其他方法更接近实际值。岭回归模型在石油需求预测中表现优异，预测精度高，误差较小。其适用于原油需求数据特征明确、具有一定线性趋势的场景，尤其在对预测结果精度要求较高的能源安全规划中具有重要应用价值。

ARIMA 时间序列方法对原油需求进行预测，平均绝对误差（MAE）为 556.6 万吨；RMSE 为 654.74 万吨；MAPE 为 1.02%。ARIMA 方法在误差指标上略优于岭回归，尤其在 2013—2017 年的预测中，表现稳定，误差更低。如 2014 年，实际消费量为 51597 万吨，ARIMA 预测值为 52624 万吨，偏差 1027 万吨，误差显著小于其他方法。ARIMA 方法是石油需求预测的可靠选择，其能够捕捉石油需求的时间序列趋势，误差低于岭回归，适用于中长期趋势预测，尤其在缺乏复杂自变量信息时优势更为明显。

BP 神经网络在原油需求预测中，MAE 值为 3961.80 万吨；RMSE 值为 4109.92 万吨；MAPE 值为 7.25%，其表现不如岭回归和 ARIMA 方法，其误差较大，尤其是 2015 年后预测值偏离实际值，如 2016 年实际消费量为 59402 万吨，BP 神经网络预测值为 63620 万吨，偏差达

4218 万吨。尽管 BP 神经网络适合处理复杂非线性数据，但在本数据集中未表现出优势，可能由于数据量不足或模型未充分优化。需在扩充数据规模或调整模型结构后再应用于石油需求预测。

运用线性回归方法对原油需求进行预测时，MAE 值为 8239.60 万吨；RMSE 值为 9376.51 万吨；MAPE 值为 13.82%。线性回归方法的预测误差为四种方法中最大，且误差随年份增加逐渐增大，如 2017 年，原油实际消费量为 59402 万吨，线性回归预测值为 75624 万吨，偏差 16222 万吨，远超其他方法。线性回归假设石油需求与时间的关系为简单线性，但石油需求受多种因素影响，呈现非线性波动。线性回归的预测误差最大，这表明石油需求与自变量之间并非简单的线性关系。因此，在线性回归模型下，预测结果与实际消费量之间存在较大偏差。

总体而言，ARIMA 方法在预测原油需求方面表现最佳，误差最小，适合用于分析趋势变化和制订长期能源需求计划。岭回归方法虽然略逊于 ARIMA，但误差接近，适合用于短期或中期需求预测，对关键变量的敏感性较强。BP 神经网络方法可通过优化模型结构和扩展数据量进一步提高预测精度，适用于处理高维和非线性问题。线性回归方法由于误差过大，不适合作为原油需求预测的主要工具，仅在资源有限或简单估算时使用。对于短期需求预测和决策支持，岭回归方法更具实用价值。

### 9.3.4 煤油预测结果分析

2013—2019 年，我国煤油实际需求量呈现出逐年增长的趋势，这表明煤油需求在这段时间内是持续上升的。运用四种不同的预测方法，岭回归、ARIMA 时间序列、BP 神经网络和线性回归进行预测分析。

岭回归方法进行预测分析，平均绝对误差（MAE）值为 79.33 万吨；均方根误差（RMSE）值为 94.13 万吨；平均绝对百分误差（MAPE）值为 2.67%。岭回归方法在煤油需求预测中表现良好，误差较小，尤其是在 2013—2015 年预测值与实际消费量非常接近，如

2013 年实际消费量为 2164 万吨，岭回归预测为 2268 万吨，偏差 104 万吨。随着时间推移，误差略有增加。岭回归方法适用于煤油需求的中长期预测，在数据呈现一定线性特征时表现优异。其模型稳定性较好，适合能源安全规划中高精度需求分析。

ARIMA 时间序列预测值在某些年份（如 2013 年、2014 年）与实际消费量有一定偏差，但整体趋势相近。ARIMA 时间序列预测时，MAE 值为 54. 33 万吨；RMSE 值为 60. 51 万吨；MAPE 值为 1. 55%。2015 年，实际消费量为 2971 万吨，ARIMA 预测为 2882 万吨，偏差 89 万吨，相较其他方法更接近实际值。ARIMA 时间序列模型在煤油需求预测中表现最佳，误差指标最低。ARIMA 方法能有效捕捉需求的时间序列特性，特别适合煤油消费量随时间平稳增长的趋势。

BP 神经网络方法在煤油需求预测中的误差显著大于岭回归和 ARIMA 方法，且在 2013—2016 年预测值偏离实际值。BP 神经网络方法进行煤油需求预测时，MAE 值为 390. 50 万吨；RMSE 值为 453. 60 万吨；MAPE 值为 11. 43%。2014 年，煤油需求实际消费量为 2335 万吨，BP 神经网络预测为 2388 万吨，偏差 53 万吨，虽然偏差不大，但随着时间推移误差迅速增大。BP 神经网络在煤油需求预测中表现不理想，可能原因是数据规模较小或未充分优化模型参数，其适用性需在更复杂的非线性情境下进一步评估。

线性回归预测值在部分年份（如 2015 年、2016 年）与实际消费量相差较大。线性回归方法进行煤油需求预测时，MAE 值为 18. 17 万吨；RMSE 值为 21. 94 万吨；MAPE 值为 0. 67%。线性回归方法在 2013—2019 年煤油需求预测中表现出色，MAPE 最低。尤其在 2013 年和 2014 年，其预测值几乎与实际值完全吻合。线性回归方法在本数据集中表现出极高的预测准确度，但其优势仅限于煤油需求呈现单一线性增长趋势的短期预测场景。

总体而言，岭回归的预测误差相对较小，且整体趋势与实际消费量一致，表明该方法在煤油需求预测中具有较好的稳定性和准确性。ARIMA 时间序列的预测误差在某些年份较大，但整体趋势相近，可能需要对模型参数进行调整以提高预测准确性。BP 神经网络的预测误差最大，可能是由于模型结构不合理或训练数据不足导致的。在实际应用中，需要对神经网络模型进行更深入的优化和调整。线性回归的预测误差在部分年份较大，表明煤油需求与自变量之间并非简单的线性关系，因此线性回归可能不是最适合的预测方法。

### 9.3.5 柴油需求预测结果分析

2013—2019 年，我国柴油需求量数据有所波动，但整体呈现出先增后减的趋势。特别是从 2016 年开始，柴油的实际消费量出现了明显的下滑。运用四种预测方法（岭回归、ARIMA 时间序列、BP 神经网络、线性回归）进行预测方法分析。

岭回归方法对我国柴油需求量进行预测时，平均绝对误差（MAE）值为 187. 86 万吨；均方根误差（RMSE）为 240. 01 万吨；平均绝对百分误差（MAPE）值为 11. 43%。岭回归的预测值与实际消费量相对接近，尤其是在 2013—2015 年，预测误差较小。如 2013 年，实际消费量为 17151 万吨，岭回归预测为 17291 万吨，偏差仅 140 万吨。在柴油需求下降的阶段（2016—2019 年），岭回归虽然未能完全准确预测下降幅度，但整体趋势与实际相符。岭回归方法适合于柴油需求预测，其误差小、稳定性高，能够为能源安全政策制定提供可靠依据。

ARIMA 时间序列模型对我国柴油需求量进行预测时，平均绝对误差（MAE）值为 568. 71 万吨；均方根误差（RMSE）为 681. 32 万吨；平均绝对百分误差（MAPE）值为 3. 13%。ARIMA 方法的误差略大于岭回归，但能较好捕捉数据趋势，如 2014 年实际消费量为 17165 万吨，ARIMA 预测为 17202 万吨，偏差 37 万吨。但在 2019 年实际消费量为 14918 万吨，预测为 15199 万吨，偏差 281 万吨。ARIMA 方法适合柴油需求的长期趋势分析，但其精度较岭回归稍逊一筹。对于时间序列平稳性的依赖较高。

BP 神经网络方法对我国柴油需求量进行预测时，平均绝对误差（MAE）值为 220. 57 万吨；均方根误差（RMSE）为 277. 48 万吨；平均绝对百分误差（MAPE）值为 1. 31%。BP 神经网络方法在柴油需求预测中表现良好，误差略高于岭回归但低于 ARIMA，如 2015 年实际消费量为 16839 万吨，预测为 17010 万吨，偏差 171 万吨。随着时间推移，其预测误差略有上升，但总体保持较好精度。BP 神经网络在柴油需求预测中具有较强的适应性，适用于短期预测和非线性关系明显的场景。

线性回归方法对我国柴油需求量进行预测时，平均绝对误差（MAE）值为 440.43 万吨；均方根误差（RMSE）为 504.33 万吨；平均绝对百分误差（MAPE）值为 2.65%。线性回归在柴油需求预测中表现一般，误差较岭回归和 BP 神经网络大，但优于 ARIMA，如 2016 年实际消费量为 16917 万吨，预测为 17557 万吨，偏差 640 万吨，误差较大。线性回归适用于简单线性增长趋势，但对复杂变化的适应性较差，尤其在柴油需求量逐渐下降的情况下，预测偏差较大。

总体而言，岭回归的预测误差相对较小，且整体趋势与实际消费量一致。这表明岭回归在柴油需求预测中具有较好的稳定性和准确性。ARIMA 时间序列的预测误差较大，特别是在预测柴油需求下降的阶段。这可能是由于该方法过于依赖历史数据中的趋势和周期性成分，而未能充分考虑到其他影响因素。BP 神经网络的预测误差在某些年份较大，可能是由模型结构不合理或训练数据不足导致的。此外，神经网络模型的复杂性和黑箱性质也可能影响其预测准确性。线性回归的预测误差在预测柴油需求下降的阶段尤为明显，表明该方法在处理非线性关系数据时可能存在局限性。

### 9.3.6　天然气需求预测结果分析

2013—2019 年，天然气需求呈快速增长趋势，尤其在 2017 年后增速明显。对比四种预测方法（岭回归、ARIMA 时间序列、BP 神经网络、线性回归）的预测值与实际消费量之间的差异。

岭回归方法对我国天然气需求量进行预测时，平均绝对误差（MAE）值为 7.50 亿立方米；均方根误差（RMSE）为 9.37 亿立方米；平均绝对百分误差（MAPE）值为 0.33%。岭回归方法表现最为优异，误差极小，且在整个时间区间内预测值与实际值接近。如 2013

年实际消费量为1705亿立方米，岭回归预测为1707亿立方米，偏差仅2亿立方米；2019年实际消费量为3060亿立方米，预测为3045亿立方米，偏差15亿立方米。岭回归方法在天然气需求预测中表现突出，具有较高的精度和稳定性。

ARIMA时间序列方法对我国天然气需求量进行预测时，平均绝对误差（MAE）值为66.83亿立方米；均方根误差（RMSE）为75.58亿立方米；平均绝对百分误差（MAPE）值为10.19%。ARIMA方法的误差较大，尤其在天然气需求快速增长的年份，预测值偏差显著，如2018年实际消费量为2817亿立方米，ARIMA预测为2235亿立方米，偏差582亿立方米。ARIMA时间序列的预测值在多数年份中与实际消费量存在较大偏差，对趋势变化的捕捉能力不足，难以有效反映需求快速上升的情况。

BP神经网络方法对我国天然气需求量进行预测时，平均绝对误差（MAE）值为84.17亿立方米；均方根误差（RMSE）为92.17亿立方米；平均绝对百分误差（MAPE）值为3.94%。BP神经网络方法能够一定程度上捕捉天然气需求的非线性增长趋势，但误差略高于岭回归，2016年实际消费量为2394亿立方米，BP神经网络预测为2004亿立方米，偏差390亿立方米；2019年实际消费量为3060亿立方米，BP神经网络预测为2720亿立方米，偏差340亿立方米。BP神经网络方法适合于天然气需求的短期预测，但需结合更多数据优化模型参数以提升对长期趋势的适应能力。

线性回归方法对我国天然气需求量进行预测时，平均绝对误差（MAE）值为129.33亿立方米；均方根误差（RMSE）为138.47亿立方米；平均绝对百分误差（MAPE）值为5.75%。线性回归方法在天然气需求预测中的误差较大，尤其在需求增速加快时，其线性假设显现局限性；如2017年实际消费量为2817亿立方米，预测为2720亿立方米，偏差97亿立方米；2019年实际消费量为3060亿立方米，预测为3115亿立方米，偏差55亿立方米。线性回归方法虽然适用于初步分析，但在需求变化趋势复杂的场景下，预测准确率低于岭回归和BP神经网络。

岭回归的预测误差最小，且整体趋势与实际消费量高度一致，显示出其在天然气需求预测中的优越性。ARIMA 时间序列和 BP 神经网络的预测误差相对较大，尤其是在预测天然气需求快速增长的年份中。这可能与它们在处理非线性趋势和复杂关系方面的能力有限有关。线性回归的预测误差最大，且预测值普遍高于实际消费量。天然气实际消费量在 2017 年后显示出强劲的需求增长趋势，这种快速增长需要选用对非线性变化适应性更强的方法进行预测。

## 9.4　本章小结

化石燃料供需不仅紧密关联着国民经济的命脉，还深刻影响着国家政治稳定与国家军事安全。在当前全球气候变化与能源转型的大背景下，特别是在中国承诺 2030 年前碳达峰、2060 年前碳中和的目标框架下，通过对我国未来化石燃料需求发展趋势的深入研判，不仅考虑了经济增长与碳排放的直接影响，还隐含了对能源结构调整、环境容量限制及新能源发展潜力的间接考量。基于 1997—2019 年中国碳排放和 GDP 数据，运用岭回归、ARIMA 时间序列模型、BP 神经网络和线性回归四种方法，对原煤、焦炭、原油、煤油、柴油和天然气六种化石燃料的需求进行预测分析。

通过实证研究发现，采用岭回归方法对原煤、煤炭、煤油和天然气消费需求预测时，真实值和预测值的偏差最小，MAPE 平均绝对百分比误差分别为 1.37%、0.82%、1.15% 和 0.33%。采用 ARIMA 时间序列模型预测原油消费需求时准确率最高，该方法的平均绝对误差（MAE）为 556.6，MAPE 为 1.02%。采用线性回归方法预测柴油的消费需求时准确度和可靠性最高，其平均绝对误差（MAE），误差均方根 RMSE 和平均绝对百分误差（MAPE）分别为 18.17、21.94 和 0.67%。本章表明融合考虑经济增长、碳排放量对能源需求之间存在强关联性。通过综合对中国的化石燃料的需求全貌进行综合分析，丰富了化石燃料需求预测研究成果。

通过翔实的数据分析与多种预测模型的对比应用，我们发现不同模型在预测各类化石燃料需求时各有优势，在未来的研究中可探索多种预测技术的综合应用，如将岭回归与 ARIMA 时间序列模型等方法的预测结果进行智能融合，以充分利用各种模型的优点，降低单一模型预测的风险，进一步提高预测准确性。本章为制定更加科学合理的能源政策、促进能源结构的绿色转型、减少环境污染，实现经济社会可持续发展提供坚实的数据支撑与决策依据。

# 第10章　我国能源安全政策建议

## 10.1　加快构建新型能源体系

党的二十届三中全会审议通过了《中共中央关于进一步全面深化改革、推进中国式现代化的决定》指出，“加快规划建设新型能源体系，完善新能源消纳和调控政策措施。完善适应气候变化工作体系”。2024年《政府工作报告》指出，“深入推进能源革命，控制化石能源消费，加快建设新型能源体系。”习近平总书记曾强调：“加快构建清洁低碳安全高效的能源体系，是我国能源革命的主攻方向。”面对能源供需矛盾日益突出、能源结构转型步伐加快的国内国际背景，中国坚定不移推进能源革命[175]，构建新型能源体系，是保障国家能源安全的必然选择和重要目标。

自新中国成立以来，尤其是党的十八大后，我国能源供应实力显著增强，已构建起包含煤炭、石油、天然气、核电、新能源及可再生能源在内的多元化能源供应格局，并跃居世界能源生产首位。从新中国成立至今，我国原煤在一次能源生产中的占比，已从新中国成立初期的96.3%下降至2023年的66.6%；而清洁能源的发电量，则从1978年的446亿千瓦时激增至2023年的3.2万亿千瓦时，意味着当前全社会每消耗3千瓦时的电力中，就有1千瓦时来自绿色能源。与此同时，能源结构不断优化升级，新型能源体系正加速成型，为经济社会的发展注入了强劲动力。

构建新型能源体系，以实现“降碳、减污、扩绿、增长”四个关键目标，兼顾能源结构优化和生态环境保护。在这一框架下，整个能源体系将整合化石能源与可再生能源的生产、运输、使用等各个环节，同时进行电力系统的优化，确保能源供给的安全与效率，最终实现绿色可持续发展。具体来说，该框架可以从以下几个层面进行详细阐述。

### 10.1.1 宏观经济与能源政策相结合

政策与经济的协调至关重要。通过制定科学、合理的能源政策，推动宏观经济政策与能源政策的有效结合，为能源结构优化调整提供必要的政策支持。此层面的核心任务是通过政策引导，逐步淘汰高污染、高碳排放的能源，并促进清洁能源的使用，推动绿色低碳经济的发展。通过设定碳排放目标和环保标准，推动企业和行业加大低碳技术的研发与应用；增加对可再生能源的补贴和激励措施，提高清洁能源的市场竞争力；通过国际合作，学习借鉴全球最佳实践，推动国内能源政策的优化。

### 10.1.2 实现高效、精准的能源管理

综合考虑能源结构优化、电网的稳定性与灵活性、储能技术、信息技术融合等多个方面的协同优化，实现高效的能源管理。在能源生产与消费中，逐步减少化石能源的比重，推动可再生能源比例的提高；优化电网的运营与调度系统，确保能源在不同需求端之间的高效传输；提升储能技术与设备的能力，确保能源供给的灵活性与可靠性；通过数据驱动的智能化管理系统，提高能源生产、配送、使用等各环节的效率。合理规划与投资能源基础设施项目，提高整体系统的运行效益。能源需求管理层面关注的是工业、农业、交通、住宅等各个领域的能源使用情况。通过分析各领域的能源需求特征与趋势，制

定精准的能源供应策略，以实现能源的高效利用与可持续发展。对需求层面的管理能够有效减少能源浪费，提高资源使用效率，减少环境污染。针对不同领域的能源需求特性，设计差异化的能源使用策略。例如，工业部门可以采取节能减排技术，交通领域则推动电动化与绿色出行。推动建筑、住宅等领域的绿色能源改造，提升建筑能效。推广智能化能源管理系统，实现能源使用的精细化管理，减少不必要的能源浪费。

### 10.1.3　能源资源配置与管理的智能化

在新型能源体系建设中，数据驱动和数字化技术的应用将对能源配置与管理起到至关重要的作用。随着能源系统的日益复杂和多元化，传统的管理方式已难以应对能源供需的快速变化和复杂的调度需求。因此，借助先进的数字化技术和大数据分析能力，能源体系能够实现智能化、精细化的管理，从而提升系统的效率和灵活性，推动能源的绿色、低碳转型。

（1）数据驱动的精准调度与优化

数据驱动的核心是基于大量的实时数据和历史数据，通过精确的分析与建模来优化能源系统的运行。在能源需求预测与调度方面，通过实时监测用户的能源消费数据、天气状况、节假日等因素，利用大数据分析技术预测不同时间段和不同地区的能源需求。这样可以提前做好能源供给的准备，避免能源短缺或过剩，从而提升能源使用效率。在能源生产与供给优化方面，在传统能源和可再生能源并存的体系下，如何合理调配资源是一个关键问题。通过对太阳能、风能、水能等可再生能源的实时监控和预测，结合传统能源发电的调度能力，能够实现高效、低碳的能源生产与供给。数字化技术可以自动调整电网的负荷分配，减少化石能源的使用，增强可再生能源的渗透率。在电网运行与优化方面，智能电网系统依托传感器、通信技术、云计算等手段，实现电力数据的实时监控、分析与调度。通过对电网负荷、供电质量等数据的实时反馈，能够精准识别电力供应中的潜在问题，优化电网运行，降低电力损失，并确保电网的稳定性和可靠性。

数字化技术可以将能源生产、传输、储存与消费等各环节的信息进行全面集成和共享，从而实现更精准的资源配置和管理。在可再生能源发电中，由于光伏、风能等能源的波动性和不稳定性，如何有效储存和调度这些能源变得尤为重要。通过数字化技术，储能系统能够根据电力需求和生产状况自动调节储能过程，确保储能设施在电力需求高峰时能够及时提供能源，平衡电网负荷。对于分布式能源（如家庭太阳能发电、风能等），通过智能化的能源管理平台，可以实时监控和调节能源的生产和消费，最大限度地提高能源的使用效率，同时减少对主电网的依赖，提升整体系统的灵活性和稳定性。

（2）优化能源效率与降低环境影响

数字化技术还能够帮助实现能源的高效利用和环境影响的降低。通过数据分析，可以精准地识别出能源浪费的环节，并提出有针对性的改进措施。例如，建筑领域通过数字化技术对建筑的能源消耗进行实时监测，结合人工智能算法进行预测和调整，可以优化建筑的能源使用，实现绿色建筑目标。在建筑能源管理方面，通过安装智能传感器和设备，能够实时监测建筑的能源消耗情况。系统根据建筑内部的使用情况（如人员流动、温湿度等）自动调整空调、照明、供暖等设备的使用，以实现最大程度的能源节约。在工业节能与减排方面，在工业生产过程中，通过部署传感器和智能控制系统，实时采集生产数据，进行能源效率分析。根据生产工艺和设备的能耗情况，系统能够提出能源节约方案，减少不必要的能耗，从而降低企业的碳排放和生产成本。

（3）跨行业和跨区域的能源协同与智能化管理

通过数据驱动，能源系统可以实现跨行业、跨区域的协同管理。例如，在跨区域的电力调度中，数字化技术可以实现不同区域之间电力的实时交换和供需平衡，避免某一地区因能源短缺而出现停电等问题。此外，数字化技术还可以推动不同部门（如工业、交通、建筑等）之间的能源协同，通过优化能源的综合利用，降低整体能源消耗。在区域间的能源调度与合作方面，智能电网与区域能源管理平台可以实时调配不同地区之间的电力供应，避免局部电力资源过剩或不足。通过大数据分析，可以提前预判跨区域电力流动的趋势，制订优化的电网调度方案。在智慧交通与能源管理方面，在城市交通系统中，电动汽车（EV）的快速普及增加了对电力的需求，通过数字化技术能够对电动汽车充电站进行智能化调度，避免电力供应过度集中，造成电网负担。同时，智能交通系统还可以与能源系统进行协同，提升交通能源效率。

（4）支撑绿色转型的数字化应用

数字化技术的深度应用将推动能源生产和消费方式的根本性转型，尤其是在应对气候变化和实现绿色低碳目标方面发挥重要作用。通过数字化平台的建设，可以将碳排放数据、能源使用情况、清洁能源生产与消费等信息进行实时监控与分析，帮助政府和企业及时发现并调整其碳排放政策，推动绿色低碳发展。在碳排放监测与管理方面，数字化技术能够实时跟踪和报告企业和区域的碳排放数据，通过智能化平台，政府和相关监管机构可以更加精准地监控和管理碳排放，确保符合国家和国际的环保标准。在绿色供应链管理方面，通过数字化技术，企业能够对整个供应链的能源使用情况、碳排放量等进行实时监控，推动绿色供应链的建设。

数据驱动和数字化技术不仅是能源体系转型的工具，更是推动能源系统不断创新和升级的动力源泉。随着人工智能、区块链、5G 通信等新兴技术的不断发展，数字化能源管理系统将更加智能化、精准化、自动化，推动能源领域的全方位革新。数据驱动和数字化技术为新型能源体系的建设提供了强有力的支撑，通过精准的能源调度、优化的资源配置、智能化的管理模式等手段，能够有效提升能源系统的效率、可靠性和可持续性，最终实现绿色、低碳、高效的能源转型目标。

构建新型能源体系，在能源生产与配送层面实现多样化和绿色化，而且在需求层面也力求达到高效、精准的能源管理。最终，通过科学的政策引导和全方位的技术创新，推动能源结构的转型，进而支持实现绿色低碳的目标，促进经济与社会的可持续发展。

## 10.2 促进能源清洁高效利用

随着全球气候变化挑战的不断加剧，促使经济转向绿色低碳模式已成为世界各国的广泛共识。在《巴黎协定》框架下，193 个成员国各自确立了国家自主贡献目标，而超 150 个国家更是明确表达了实现净零排放、碳中和或气候中和的长期目标。2023 年 12 月的《联合国气候变化框架公约》第二十八次缔约方大会（COP28）上，与会代表共同达成了《阿联酋共识》，一致决心加速转型进程，逐步减少并最终终止对化石燃料的依赖。自 2020 年 9 月 22 日中国提出“双碳”目标，即计划在 2030 年前实现碳排放达峰，2060 年前达成碳中和，标志着我国正式开启了告别化石能源时代的新纪元。中央政治局集体学习时提出，“要以更大力度推动我国能源的高质量发展，为中国式现代化建设提供安全可靠的能源保障，为共建清洁美丽的世界作出更大贡献。”

构建一个安全、高效、清洁的能源生产与配送体系，确保能源供给的多样性与稳定性。能源的生产、转换和配送系统，是能源体系的核心所在，包括化石能源如煤炭、石油、天然气等的传统能源，也包括光能、风能、水能、氢能、核能、生物质能和地热能等多种非化石能源。随着我国经济的快速增长，石油进口量的急剧增加，石油的接替资源和未来可供开采的储量正变得愈发紧张。目前，我国陆上石油的勘探程度为 28%，天然气仅为 6%，这两个比例都显著低于全球的平均水平，特别是中西部地区的勘探尚显不足。与此同时，中国近海的油气资源勘探相较于其他国家，仍处于初级发展阶段。像大庆、胜利、辽河这些大型油田，以及大港、中原、江汉等油田，经过长时间的开采，有的已进入开发的中后期阶段，有的则接近资源枯竭的边缘。尽管应用了新技术，但要维持长期且稳定的高产量已变得愈发艰难，石油的净增量也在逐渐下滑。

同时，利用分布式发电技术提升可再生能源的利用率。提高能源传输和配送效率，通过智能电网、能源储备等手段实现能源的优化配置。根据《“十四五”可再生能源发展规划》的指导，我国积极推进风电和光伏发电的基地化建设。目前，我国可再生能源的总装机容量迈上了 14 亿千瓦的新台阶，占全国发电总装机的比例首次过半，超越了火电装机，这标志着能源发展史上的一个重要里程碑。2023 年，由乌东德、白鹤滩、溪洛渡、向家坝、三峡和葛洲坝六座梯级电站组成的世界最大清洁能源走廊，六座电站共同发电超过 2700 亿千瓦时，相当于减少了 2.2 亿吨的二氧化碳排放，或满足了 2.8 亿人一年的生活用电量。

海洋已成为世界主要国家保障能源安全的重要渠道。1985 年，美国的海洋产业产值已达到 3400 亿美元，而英国通过开采北海的海底石油和天然气，成功从一个石油进口国转变为世界重要的石油出口国。2021 年我国“深海一号”超深水大气田正式建成并投入生产，使我国在海洋油气领域实现了从 300 米到 1500 米水深的突破，跻身世界领先行列，达到年产 30 亿立方米天然气的峰值产能，是全球首座十万吨级深水半潜式生产储油平台。目前，“深海一号”已成为我国“由海向陆”保供海南自贸港和粤港澳大湾区的主力气田。推动能源生产环节的绿色转型，逐步减少化石能源的占比，并增强可再生能源的接入能力。加强能源产业基础设施建设，提升跨地区、跨行业的能源互联互通能力。

随着全球能源格局的深刻变革和碳中和目标的持续推进，清洁能源在全球能源转型中扮演着愈发重要的角色。在我国，可再生能源装机容量的持续增长以及清洁能源走廊的建成，标志着我国能源发展迈入了新阶段。然而，如何将日益增长的清洁能源资源高效转化为持续、稳定的能源供应仍是当前面临的重要挑战，如何促进能源清洁高效利用尤为重要。

## 10.3　推动能源领域技术创新

鉴于全球气候变化和环境问题的严峻性日益加剧，世界各国正在加快步伐，推动能源结构向低碳化转型，而在此过程中，推动能源科技创新已成为国际社会的普遍共识。中国作为能源生产与消费的领先国家，《“十四五”能源领域科技创新规划》中明确将能源科技创新与绿色低碳发展列为首要任务。在“双碳”目标下，能源领域面临着安全保障、模式转型、结构调整和短板补齐等多重挑战，对科技创新的需求变得愈加迫切。科技创新在推动能源绿色低碳转型中的作用愈发突出，已成为推动能源可持续发展的关键动力。因此，从国家能源安全和经济长期可持续发展的战略角度出发，必须高度重视并积极推进能源技术的创新与应用，确保科技创新成为引领能源发展的核心力量，为能源产业的高质量发展提供坚实的支持。这不仅是保障国家能源安全的关键，也是建设创新型国家和科技强国的重要组成部分。

创新是引领科技发展的第一动力，更是推动能源转型的重要突破口。为确保科技创新在能源领域的快速发展，我国先后发布《关于促进新时代新能源高质量发展的实施方案》《科技支撑碳达峰碳中和实施方案（2022—2030年）》《“十四五”能源领域科技创新规划》等文件，整体谋划了能源领域科技创新的远景战略，明确提出能源科技创新体系的关键领域与难点问题，推动我国能源高质量发展创新方向的整体布局，以及相关行业、领域开展科技创新。不过，与世界能源科技强国以及引领能源革命的要求相比，我国在能源科技创新方面仍面临一些挑战。例如，能源技术装备的优势不够突出，仍有一些短板，关键零部件和核心材料依赖进口，原创性和颠覆性技术相对较少。此外，推动能源科技创新的政策和机制还不够完善，产学研的结合不够等问题。因此，需要在多个方面加强力度，加速能源领域科技创新的步伐。推动能源领域技术创新是应对全球能源转型、实现绿色可持续发展的关键举措。为了顺应这种变革，必须采取一系列系统性、长远的措施，激发各方创新力量，实现能源技术的突破与应用。以下是推动能源领域技术创新的具体路径。

### 10.3.1 加强政策支持，破解技术瓶颈

能源技术创新的推进离不开政策支持。应针对能源基础技术和关

键共性技术研发中的薄弱环节，出台一系列专项政策，重点解决“卡脖子”问题。例如，在关键装备和核心技术领域，可设立专项技术攻关基金，支持突破瓶颈技术，推动能源技术的自主创新与产业化应用。特别是对可再生能源技术、储能技术、电网调度系统等关键技术的研发和升级，应给予政策上的优先支持。政府可通过财税、金融等政策工具提供多元化的支持。例如，通过税收优惠、补贴政策、财政奖励等手段，降低企业研发创新的成本。同时，可以设立绿色金融基金，推动资本市场对能源领域技术创新的投入，吸引社会资本参与高风险、前沿技术的研发。这些措施能够有效推动技术创新，并为企业提供资金保障。加大对技术设备研发的支持，面对能源行业中的技术瓶颈问题，应重点支持解决关键装备和技术的研发难题。

### 10.3.2　深化产学研用融合，推动创新链与产业链对接

推动科技创新与能源产业的深度融合，是提升能源技术创新的关键。应以产业需求为导向，加强企业、科研院所、高等院校之间的合作，形成“政、产、学、研、用”一体化的创新链。政府可以通过创新政策、平台建设、资源整合等手段，推动企业在研发阶段与市场需求紧密结合，确保创新成果能够迅速转化为实际生产力。企业是技术创新的主力军，应激发企业的创新活力，特别是在技术研发和市场应用方面。政府可以通过税收优惠、融资支持等政策，鼓励企业加大研发投入，特别是对能源技术中的核心和前沿技术的投入。推动能源领域优势企业的强强联合，形成跨行业、跨领域的创新联盟，利用企业的研发能力和市场导向，推动技术从研发到产业化的转化。建立完善的资源共享平台，推动各领域优势企业之间的协作，形成技术共享、人才共享、信息共享的良性循环。政府可以引导和支持区域性技术创新中心、实验平台和示范基地的建设，通过大数据、云计算等现代信息技术，打破行业壁垒，实现不同企业和科研单位之间的优势互补和资源共享。

### 10.3.3　加快前瞻性、颠覆性技术的研发与产业化

随着科技的进步，新一轮能源技术革命已经来临。国家应加大对

前瞻性、颠覆性技术的研发投入，尤其是在可再生能源、智能电网、能源存储与调度、氢能等领域。这些领域的技术创新不仅能够推动能源转型，还能为国家带来新的产业增长点。例如，氢能技术的研发和应用被认为是未来能源领域的重要突破口。政府应支持相关技术的研发，推动氢能的生产、储存、运输和应用技术的突破，形成完整的产业链。随着低碳经济的崛起，绿色能源技术已成为能源领域技术创新的重点方向。政府应加强对太阳能、风能、储能等绿色能源技术的研发支持，推动这些技术的高效利用和商业化应用。同时，应加强对可再生能源发电技术、能源存储技术和智能电网的综合研发与示范应用，推动绿色低碳技术向市场化、产业化方向发展。

### 10.3.4 拓宽国际视野，提升全球竞争力

加强国际合作与技术竞争，能源技术创新的全球化趋势日益显著。为了提升我国能源产业的全球竞争力，应积极参与国际技术竞争和标准制定，推动我国能源技术与国际接轨。可以通过国际合作项目、技术转让、联合研发等形式，与全球领先的能源企业、科研机构合作，提升我国能源技术的整体水平。获取低碳技术优先权，低碳技术的发展是未来能源产业竞争的关键。我国应通过国际合作、技术引进、战略投资等方式，争取在低碳技术研发和产业化方面的优先权。通过与国际先进技术的接轨，提升国内企业在全球低碳产业中的市场份额。积极参与全球能源科技标准制定，能源领域的标准化将直接影响技术创新的速度和效果。因此，积极参与国际能源科技标准的制定，推动国内先进技术在全球范围内的标准化，有助于提升我国能源技术的国际话语权，并促进我国技术的全球化应用。

### 10.3.5 加强“算力与能源”融合，推动智能化能源系统发展

随着算力需求的快速增长，“算力与能源”的深度融合已成为推动能源领域技术创新的重要方向。利用先进的计算能力对能源生产、调度、存储和消费进行智能化管理，将有助于提升能源系统的效率、

可靠性和灵活性。例如，建设能源智能计算中心，通过引入人工智能、机器学习等技术，对能源供需进行智能调度，推动能源从生产端到消费端的高效协同。智能电力系统是能源与算力融合的核心应用之一。通过大数据分析、云计算和人工智能等技术，可以实现电力系统的智能化管理。这包括发电、输电、配电、消费等各环节的智能化调度和优化，最大化利用可再生能源，减少能源浪费，提高电力系统的整体效率和稳定性。能源行业的数字化转型是未来技术创新的另一重要趋势。通过数字化技术对能源系统进行全程监控、数据分析和预测，可以实现能源资源的最优配置，并提升能源使用的精确性。加强数字化能源技术的研发，推动能源产业的数字化转型，有助于提升整体的资源管理和技术创新能力。

### 10.3.6　完善创新生态，支持技术成果转化

为了实现能源技术的快速应用，必须加快技术成果的转化过程。能源领域实现技术创新主要有两种形式：封闭式技术创新（亦称为内部技术创新）和开放式技术创新（亦称为外部技术创新）。封闭式技术创新是企业自主技术创新，开放式技术创新是企业寻找外部更适合研究与开发的组织进行技术创新。众包是能源技术实现开放式技术创新的有效途径。众包作为一种开放式创新的形式，能够聚集来自不同领域、不同背景的创新力量，形成更加多元化、跨学科的技术解决方案。在能源领域技术创新涉及多个学科领域，包括化学工程、材料学、机械工程、自动化控制等，众包通过跨界合作突破行业传统的技术创新壁垒，提升创新的多样性与深度，能够有效突破资源瓶颈和技术瓶颈，推动行业的技术进步和绿色转型。

政府应鼓励和支持新技术、新产品的示范应用，特别是在关键领域和重点区域，开展技术示范项目。这不仅可以推动新技术的普及，还能为后续的技术创新提供宝贵经验。推动能源领域技术创新需要从政策支持、产学研用融合、前瞻性技术研发、国际合作、智能化发展等多方面着手。通过持续加大投入，激发创新活力，并借助现代科技手段和全球化视野，可以加速能源产业的转型升级，最终实现绿色、

低碳、高效的能源目标。

## 10.4 本章小结

能源是经济社会发展的重要基础，是我国现代化建设的基本保障。随着全球能源危机和气候变化形势日益严峻，在经济下行压力加大的新常态下，建设新型能源体系，实现传统能源体系向新型能源体系稳定过渡迫在眉睫。加快构建我国新型能源体系，促进能源清洁高效利用，推动能源领域技术创新，将为我国能源安全、可持续发展以及经济社会发展提供强有力的支持。

# 参考文献

［1］杨宇，于宏源，鲁刚，等．世界能源百年变局与国家能源安全［J］．自然资源学报，2020，35（11）：2803－2820．

［2］王国法，刘合，王丹丹，等．新形势下我国能源高质量发展与能源安全［J］．中国科学院院刊，2023，38（01）：23－37．

［3］曾诗鸿，李根，翁智雄，等．面向碳达峰与碳中和目标的中国能源转型路径研究［J］．环境保护，2021，49（16）：26－29．

［4］蔡国田，张雷．中国能源安全研究进展［J］．地理科学进展，2005（6）：79－87．

［5］杨宇，刘承良，崔守军．"百年变局、能源风云、世界眼光、家国情怀"——"世界能源地理与国家安全"专辑发刊词［J］．自然资源学报，2020，35（11）：2569－2571．

［6］王建良，唐旭．大变局下的中国能源安全：挑战与破局［J］．国家治理，2022（20）：52－55．

［7］邓志茹，范德成．我国能源结构问题及解决对策研究［J］．现代管理科学，2009（06）：84－85．

［8］国家统计局．中国统计年鉴［M］．北京：中国统计出版社，2022．

［9］World Atlas. The world's largest oil reserves by country［EB/OL］. https：//www. worldatlas. com/industries/the－world－s－largest－oil－reserves－by－country. html.

［10］中华人民共和国自然资源部．中国矿产资源报告［M］．北京：地质出版社，2023．

［11］倪健民．中国能源安全报告［M］．北京：人民出版社，2005．

［12］范英，姬强，朱磊，等．中国能源安全研究——基于管理科学的视角［M］．北京：科学出版社，2013．

［13］Y R Huang，D Han. Analysis of china's oil trade pattern and structural security assessment from 2017 to 2021［J］. *Chemistry and Technology of Fuels and Oils*，2022，58（1）：146－156.

［14］人民日报海外版．中国在建核电机组数量装机容量均保持世界第一［EB/OL］. http：//www. nea. gov. cn/2024－04/19/c_1212354285. htm.

［15］国家能源局．国家能源局发布2023年全国电力工业统计数据［EB/OL］. https：//www. gov. cn/lianbo/bumen/202401/content_6928723. htm，2024－01－28

［16］陈元主．能源安全与能源发展战略研究［M］. 北京：中国财政经济出版社，2008.

［17］修光利，侯丽敏．能源与环境安全战略研究［M］. 北京：中国时代经济出版社，2007.

［18］鞠可一，周德群，王群伟，等．中国能源消费结构与能源安全关联的实证分析［J］. 资源科学，2010，32（09）：1692－1697.

［19］张雷．中国能源安全问题探讨［J］. 中国软科学，2001（4）：7－12.

［20］李国杰，程学旗．大数据研究：未来科技及经济社会发展的重大战略领域——大数据的研究现状与科学思考［J］. 中国科学院院刊，2012，27（06）：647－657.

［21］孟小峰，慈祥．大数据管理：概念、技术与挑战［J］. 计算机研究与发展，2013，50（01）：146－169.

［22］陆胜利．世界能源问题与中国能源安全研究［D］. 北京：中共中央党校，2011.

［23］Mcsweeney B. Security，identity and interests［M］. London：Cambridge University，1999：16－17.

［24］C Holden. Energy，security，and war［J］. *Science*，1981，211（4483）：683－683.

［25］周凌云．世界能源危机与我国的能源安全［J］. 中国能源，2001（01）：12－13.

[26] 张雷．论中国能源安全 [J]. 国际石油经济，2001 (03)：10 - 14 + 48.

[27] 朱兴珊，周大地．如何看待中国的能源安全问题 [J]. 国际石油经济，2001 (10)：5 - 8 + 61.

[28] 曾先峰，李国平．非再生能源资源使用者成本：一个新的估计 [J]. 资源科学，2013，35 (02)：439 - 446.

[29] 王育宝，胡芳肖．非再生资源开发中价值补偿的途径 [J]. 中国人口·资源与环境，2013，23 (03)：1 - 11.

[30] 史国华．中国的能源安全问题 [J]. 国有资产研究，1998 (06)：52 - 56.

[31] K Koyama. Energy Strategies in China and India and Their Implications. This report is a part of a study project conducted in FY2000 on behalf of the Agency of Natural Resources and Energy [C]. Institute of Electrical Engineers of Japan，2001：1 - 38.

[32] X B Zhang，Y Fan，Y M Wei. A model based on stochastic dynamic programming for determining China's optimal strategic petroleum reserve policy [J]. *Energy Policy*，2009，37 (11)：4397 - 4406.

[33] P Zweifel，S Bonomo. Energy security coping with multiple supply risks [J]. *Energy Economics*，1995，17 (3)：179 - 183.

[34] G C Georgiou. United - states energy security and policy options for the 1990S [J]. *Energy Policy*，1993，21 (8)：831 - 839.

[35] F Hedenus，C Azar，D J A Johansson. Energy security policies in EU - 25—The expected cost of oil supply disruptions [J]. *Energy Policy*，2010，38 (3)：1241 - 1250.

[36] Y M Wei，W Gang，Y Fan，et al. Empirical analysis of optimal strategic petroleum reserve in China [J]. *Energy Economics*，2008，30 (2)：290 - 302.

[37] G Wu，Y Fan，L C Liu，et al. An empirical analysis of the dynamic programming model of stockpile acquisition strategies for China's strategic petroleum reserve [J]. *Energy Policy*，2008，36 (4)：1470 -

1478.

[38] K Doroodian, R Boyd. The linkage between oil price shocks and economic growth with inflation in the presence of technological advances: a CGE model [J]. *Energy Policy*, 2003, 31 (10): 989 – 1006.

[39] 冉从敬，程凡，李旺．战略性新兴产业政策与技术主题演化路径识别分析——以新能源汽车产业为例 [J]. 情报科学，2020: 1 – 26.

[40] 陈星星，田贻萱．中国新能源产业发展态势、优势潜能与取向选择 [J]. 改革，2024 (05): 112 – 123.

[41] 吴敬静，吴艳，霍成．产业生态视角下的新能源汽车企业商业模式的构建 [J]. 科学决策，2024 (06): 64 – 83.

[42] 张娜，米倩玉，邓嘉纬，等．新能源崛起对中国新能源产业战略的影响 [J]. 中国软科学，2024 (02): 1 – 8.

[43] 冉从敬，李旺，胡启彪，等．基于机器学习的成本法在专利价值评估中的应用研究——以“新能源汽车”为例 [J]. 现代情报，2024, 44 (05): 140 – 152.

[44] 孙传旺，占妍泓．电价补贴对新能源制造业企业技术创新的影响——来自风电和光伏装备制造业的证据 [J]. 数量经济技术经济研究，2023, 40 (02): 158 – 180.

[45] 周全，程梦婷，吴绍波，等．新能源汽车企业创新生态系统协同构建研究 [J]. 科研管理，2024, 45 (04): 32 – 41.

[46] 杨涛，严大洲，温国胜，等．新能源产业链构建：光伏发电－电化学储能－新能源汽车 [J]. 中国材料进展，2024, 43 (02): 164 – 174.

[47] 马紫峰，贺益君，陈建峰．新能源化工技术 [J]. 化工进展，2021, 40 (09): 4687 – 4695.

[48] J W Han, MKamber, J Pei. 数据挖掘概念与技术 [M]. 范明，孟小峰，译．北京：机械工业出版社，2007.

[49] P N Tan, MSteibach, V Kumar. 数据挖掘导论 [M]. 范明，范宏建，译．北京：人民邮电出版社，2003.

[50] 埃塞姆·阿培丁．机器学习导论 [M]. 范明，昝红英，牛

常勇，译．北京：机械工业出版社，2006.

[51] 刘勘，周晓峥，周洞汝．数据可视化的研究与发展[J]. 计算机工程，2002 (08)：1－2＋63.

[52] 任永功，于戈．数据可视化技术的研究与进展[J]. 计算机科学，2004 (12)：92－96.

[53] D S Broomhead, D Lowe. Multivariable functional interpolation and adaptative networks [J]. *Complex Systems*, 1998 (2): 321－355.

[54] West D. Neural network credit scoring models [J]. *Computers & Operations Research*, 2000 (27): 1131－1152.

[55] 吴俊劼，陈震，张聪炫，等．基于特征级联卷积网络的双目立体匹配[J]. 电子学报，2021，49 (04)：690－695.

[56] 秦岭，张崇泰，郭瑛，等．基于Elman神经网络的可见光室内定位算法研究[J]. 光学学报，2022，42 (05)：24－31.

[57] 杨丽，吴雨茜，王俊丽，等．循环神经网络研究综述[J]. 计算机应用，2018，38 (S2)：1－6＋26.

[58] 周志华．机器学习[M]. 北京：清华大学出版社，2016.

[59] 翟成祥，肖恩·马森．文本数据管理与分析：信息检索与文本挖掘[M]. 宋巍，赵鑫，李璐旸等，译．北京：机械工业出版社，2019.

[60] Y R Huang, R Wang, B Huang, et al. Sentiment classification of crowdsourcing participants' reviews text based on LDA topic model [J]. *IEEE Access*, 2021, 9 (1): 108131－108143.

[61] 谭培波，史晓凌，高艳．从网络理论认识知识工程[J]. 人工智能，2018 (01)：100－109.

[62] 朱庆华，李亮．社会网络分析法及其在情报学中的应用[J]. 情报理论与实践，2008 (02)：179－183＋174.

[63] 陈银飞．2000－2009年世界贸易格局的社会网络分析[J]. 国际贸易问题，2011 (11)：31－42.

[64] 刘立涛，沈镭，刘晓洁，等．基于复杂网络理论的中国石油流动格局及供应安全分析[J]. 资源科学，2017，39 (08)：1431－1443.

[65] 忠富，严菲. 能源消费弹性系数计算方法及其实例分析 [J]. 中国能源，2008 (8): 26-29.

[66] 谢和平，吴立新，郑德志. 2025 年中国能源消费及煤炭需求预测 [J]. 煤炭学报，2019，44 (07): 1949-1960.

[67] 杨宇，于宏源，鲁刚，等. 世界能源百年变局与国家能源安全 [J]. 自然资源学报，2020，35 (11): 2803-2820.

[68] Y R Huang, D Han, Z Y He, et al. Research on identifying influence factors of China's energy security based on text data mining technology [J]. *Chemistry and Technology of Fuels and Oils*, 2023 (03): 394-403.

[69] 祝孔超，牛叔文，赵媛，等. 中国原油进口来源国供应安全的定量评估 [J]. 自然资源学报，2020，35 (11): 2629-2644.

[70] C Winzer. Conceptualizing energy security [J]. Energy Policy, 2012 (46): 36-48.

[71] J Strojny, A Krakowiak-Bal, J Knaga, et al. Energy security: a conceptual overview [J]. *Energies*, 2023, 16 (13): 5042.

[72] L Proskuryakova. Updating energy security and environmental policy: Energy security theories revisited [J]. *Journal of Environmental Management*, 2018, 223: 203-214.

[73] B W Ang, W L Choong, T S Ng. Energy security: Definitions, dimensions and indexes [J]. *Renewable & Sustainable Energy Reviews*, 2015, 42: 1077-1093.

[74] B K Sovacool, I Mukherjee. Conceptualizing and measuring energy security: A synthesized approach [J]. *Energy*, 2011, 36 (8): 5343-5355.

[75] P Gasser. A review on energy security indices to compare country performances [J]. *Energy Policy*, 2020 (139): 111339.

[76] A Mansson, B Johansson, L J Nilsson. Assessing energy security: An overview of commonly used methodologies [J]. *Energy*, 2014 (73): 1-14.

[77] M Radovanovic, S Filipovic, D Pavlovic. Energy security measurement – A sustainable approach [J]. *Renewable & Sustainable Energy Reviews*, 2017 (68): 1020 – 1032.

[78] A Merlo, M Migliardi, L Caviglione. A survey on energy – aware security mechanisms [J]. *Pervasive and Mobile Computing*, 2015, 24: 77 – 90.

[79] N Z Aitzhan, D Svetinovic. Security and privacy in decentralized energy trading through multi – signatures, block chain and anonymous messaging streams [J]. *IEEE Transactions on Dependable and Secure Computing*, 2018, 15: 840 – 852.

[80] D B Rawat, S R Reddy. Software defined networking architecture, security and energy efficiency: A Survey [J]. *IEEE Communications Surveys and Tutorials*, 2017, 19 (1): 325 – 346.

[81] J K Hu, A V Vasilakos. Energy big data analytics and security: Challenges and opportunities [J]. *IEEE Transactions on Smart Grid*, 2016, 7 (5): 2423 – 2436.

[82] A Llaria, J Dos Santos, G Terrasson, et al. Intelligent buildings in smart grids: A survey on security and privacy issues related to energy management [J]. *Energies*, 2021, 14 (9): 2733.

[83] 陈悦，陈超美，刘则源，等. CiteSpace 知识图谱的方法论功能 [J]. 科学学研究，2015，23 (2): 242 – 253.

[84] W Zhou, A Kou, J Chen, et al. A retrospective analysis with bibliometric of energy security in 2000 – 2017 [J]. *Energy Reports*, 2018, 4: 724 – 732.

[85] A N Esfahani, N B Moghaddam, A Maleki. The knowledge map of energy security [J]. *Energy Reports*, 2021, 7: 3570 – 3589.

[86] 李杰，陈超美. Citespace：科技文本挖掘及可视化（第 3 版）[M]. 北京：首都经济与贸易大学，2022.

[87] Y Fang, J Yin, B Wu. Climate change and tourism: A scientometric analysis using CiteSpace [J]. *Journal of Sustainable Tourism*,

2017：1 – 19.

［88］X J. Li，E Ma，H Qu. Knowledge mapping of hospitality research A visual analysis using CiteSpace ［J］. *International Journal of Hospitality Management*，2017（60）：77 – 93.

［89］C M Chen. Science mapping：A systematic review of the literature ［J］. *Journal of Data and Information Science*，2017，2（2）：1 – 40.

［90］Y R Huang，Z Zheng. Research hotspots and trend analysis of energy security based on Citespace knowledge graph ［J］. *Chemistry and Technology of Fuels and Oils*，2023，59（05）：765 – 774.

［91］余国，张鹏程.2022年全球能源安全形势评价——《全球能源安全报告》主要观点［J］. 国际石油经济，2023，31（02）：1 – 6 + 83.

［92］X. Y. Guo，L. B. Zhang，W. Liang，et al. Risk identification of third – party damage on oil and gas pipelines through the Bayesian network ［J］. *Journal of Loss Prevention in the Process Industries*，2018，54：163 – 178.

［93］W. C. Huang，B. Shuai，Y. Shen. Using growth curves model to analyse the prospects of China pakistan oil and transportation corridor ［J］. *The Process Industries*，2022，37（1）：28 – 36.

［94］S. T. Shutters，K. Waters，R. Muneepeerakul. Triad analysis of global energy trade networks and implications for energy trade stability ［J］. *Energies*，2022，15（10）：3673.

［95］F. Taghizadeh – Hesary，E. Rasoulinezhad，N. Yoshino，et al. Determinants of the Russia and Asia – pacific energy trade ［J］. *Energy Strategy Reviews*，2021（38）：100681.

［96］郗继尧，赵媛，崔盼盼，等. 石油安全视角下中国原油进口贸易时空格局演化分析［J］. 经济地理，2020，40（11）：112 – 120.

［97］H. W. Zhang，Y. Wang，C. Yang，et al. The impact of country risk on energy trade patterns based on complex network and panel regression analyses [J]. *Energy*, 2021, 222: 119979.

[98] Q. Q. Wang, C. B. Li. Evaluating risk propagation in renewable energy incidents using ontology - based Bayesian networks extracted from news reports [J]. *International Journal of Green Energy*, 2021, 19 (12): 1290 - 1305.

[99] L. T. Zhao, S. Q. Guo, Y. Wang. Oil market risk factor identification based on text mining technology [J]. *Energy Procedia*, 2019 (158): 3589 - 3595.

[100] L. T. Zhao, L. N. Liu, S. Q. Guo. Analysis of the timeliness of oil market risks based on text mining [J]. *China Energy*, 2019, 41 (06): 16 - 19 + 26.

[101] B. Wang, Z. H. Wang. Heterogeneity evaluation of China's provincial energy technology based on large - scale technical text data mining [J]. *Journal of Cleaner Production*, 2018 (202): 946 - 958.

[102] Y. R. Huang, X. L. Wang, R. Wang, et al. Analysis and recognition of food safety problems in online ordering based on reviews text mining [J]. *Wireless Communications and Mobile Computing*, 2022: 1 - 15.

[103] F. Altuntas, M. S. Gok. Technological evolution of wind energy with social network analysis [J]. *Kybernetes*, 2021, 50 (5): 1180 - 1211.

[104] J. Hamilton, B. Hogan, K. Lucas, et al. Conversations about conservation? Using social network analysis to understand energy practices [J]. *Energy Research & Social Science*, 2019 (49): 180 - 191.

[105] 常原华，李戈．碳达峰背景下多种碳税返还原则的经济影响 [J]. 中国人口·资源与环境，2024，34 (04): 36 - 47.

[106] Wang A J, Wang G S, Chen Q S, et al. S - curve model of relation-ship between energy consumption and economic development [J]. *Natural Resources Research*, 2014, 24 (1): 53 - 64.

[107] Y M Pimenov, A V Ulit'ko, V A Sereda. Method of enhancing the informative content for estimation of the performance properties level of

fuels and lubricants [J]. *Chemistry and Technology of Fuels and Oils*, 2020, 56: 186-198.

[108] Liu G W, Yan Q, Yang J B. World oil demand based on S-Curve model of the transport sector [J]. *Resources Science*, 2018, 40(3): 547-557.

[109] 厉新建，张凌云，崔莉．全域旅游：建设世界一流旅游目的地的理念创新——以北京为例［J］．人文地理，2013，28（03）：130-134.

[110] 吕俊芳．城乡统筹视阈下中国全域旅游发展范式研究［J］．河南科学，2014，32（01）：139-142.

[111] 李金早．何谓“全域旅游”［J］．西部大开发，2016（11）：101-102.

[112] 王衍用．全域旅游需要全新思维［J］．旅游学刊，2016，31（12）：9-11.

[113] Günay M E. Forecasting annual gross electricity demand by artificial neural networks using predicted values of socio-economic indicators and climatic conditions: Case of Turkey [J]. *Energy Policy*, 2016, 90: 92-101.

[114] 陈睿，饶政华，刘继雄，等．基于LEAP模型的长沙市能源需求预测及对策研究［J］．资源科学，2017，39（03）：482-489.

[115] Haldenbilen S, Ceylan H. Genetic algorithm approach to estimate transport energy demand in Turkey [J]. *Energy Policy*, 2005, 33(1): 89-98.

[116] Yu L, Zhao Y Q, Tang L, et al. Online big data-driven oil consumption forecasting with Google trends [J]. *International Journal of Forecasting*, 2019, 35(1): 213-223.

[117] 纪利群．采用改进Logistic模型预测中国石油消费量［J］．中国石油大学学报（自然科学版），2011，35（04）：177-181.

[118] Z X Wang, P Hao. An improved gray multivariable model for predicting industrial energy consumption in China [J]. *Math Model*,

2016, 40 (11 - 12): 5745 - 5758.

[119] J R Li, R Wang, J Z Wang, et al. Analysis and forecasting of the oil consumption in China based on combination models optimized by artificial intelligence algorithms [J]. *Energy*, 2018, 144: 243 - 264.

[120] Z Y Li, Lu H, Ren W P, et al. China's oil consumption and its future development trend analysis [J]. *Chemical Industry and Engineering Progress*, 2016, 35 (6): 1739 - 1747.

[121] 文炳洲,索瑞霞.基于组合模型的我国能源需求预测[J].数学的实践与认识,2016,46(20):45 - 53.

[122] N B Behmiri, J R P Manso. The linkage between crude oil consumption and economic growth in Latin America: The panel framework investigations for multiple regions [J]. *Energy*, 2014, 72 (7): 233 - 241.

[123] 沈镭.面向碳中和的中国自然资源安全保障与实现策略[J].自然资源学报,2022,37(12):3037 - 3048.

[124] 程中海,南楠,张亚如.中国石油进口贸易的时空格局、发展困境与趋势展望[J].经济地理,2019,39(02):1 - 11.

[125] BP. Statistical Review of World Energy 2016 [EB/OL]. http: //www. bp. com /content/dam/bp/pdf/energy - economics/statistical - review - 2016/bp - statistical - reviewof - world - energy - 2016 - full - report. pdf, 2016 - 06 - 30.

[126] 中国海关总署数据查询平台 [EB/OL]. www. customs. gov. cn, 2021 - 10 - 21.

[127] 尹佳音.2021年上半年国际石油价格形势分析与展望[J].中国物价,2021(07):17 - 18 + 28.

[128] 刘立涛,沈镭,刘晓洁.能源安全研究的理论与方法及其主要进展[J].地理科学进展,2012,31(4):403 - 411.

[129] 汪玲玲,赵媛.中国石油进口运输通道安全态势分析及对策研究[J].世界地理研究,2014,23(3):33 - 43.

[130] 李振福,汤晓雯,姚丽丽,等.北极通道开发与中国石油进口通道格局变化[J].资源科学,2015,37(8):1639 - 1649.

[131] 史春林，李秀英. 霍尔木兹海峡安全对中国进口石油供应和运输影响 [J]. 中国软科学，2013 (7)：1 - 15.

[132] 李嘉. 石油运输安全与远洋运输保障分析 [J]. 中国石油石化，2017 (2)：138 - 139.

[133] 王强，陈俊华. 基于供给安全的我国石油进口来源地风险评价 [J]. 世界地理研究，2014，23 (1)：37 - 44.

[134] G Wu，Y M Wei，Y Fan，et al. An empirical analysis of the risk of crude oil imports in China using improved portfolio approach [J]. *Energy Policy*，2007，35 (8)：4190 - 4199.

[135] M Sun，C Gao，B Shen. Quantifying China's oil import risks and the impact on the national economy [J]. *Energy Policy*，2014，67：605 - 611.

[136] 渠立权，骆华松，胡志丁，等. 中国石油资源安全评价及保障措施 [J]. 世界地理研究，2017，26 (04)：11 - 19.

[137] 吕涛，郭庆，富莉，等. 基于熵权灰色关联法的我国石油安全评价 [J]. 中国矿业，2017，26 (05)：40 - 45.

[138] E Gupta. Oil vulnerability index of oil - importing countries [J]. *Energy Policy*，2008，36 (3)：1195 - 1211.

[139] Yang Y，Li J，Sun X，et al. Measuring external oil supply risk：amodified diversification index with country risk and potential oilexports [J]. *Energy*，2014，68 (4)：930 - 938.

[140] 程欣，帅传敏，严良，等. 中国铁矿石进口市场结构与需求价格弹性分析 [J]. 资源科学，2014，36 (9)：1915 - 1924.

[141] 田春荣. 2017 年中国石油进出口状况分析 [J]. 国际石油经济，2018，26 (03)：10 - 20.

[142] 赵龙成. 中国能源绿色发展成为全球能源转型引擎 [J]. 生态经济，2024，40 (11)：9 - 12.

[143] J C Hou，R Y Zhang，P K Liu，et al. A review and comparative analysis on energy transition in major industrialized countries [J]. *International Journal of Energy Research*，2021，45 (2)：1246 - 1268.

[144] Y G Wei, K H K Chung, T S Cheong, et al. The evolution of energy market and energy usage: An application of the distribution dynamics analysis [J]. *Frontiers in Energy Research*, 2020: 122.

[145] L Liu, H J Zong, Y Zhao, et al. Can China realize its carbon emission reduction goal in 2020: From the perspective of thermal power development [J]. *Applied Energy*, 2014 (124): 199 -212.

[146] Y Zhu, S M Xu, X H Ding, et al. Background situation, strategic suggestions and future prospects of construction of new energy system [J]. *Bulletin of Chinese Academy of Sciences*, 2023, 38 (8): 1187 -1196.

[147] Y Wei, Z Wang, H. Wang, et al. Compositional data techniques for forecasting dynamic change in China's energy consumption structure by 2020 and 2030 [J]. *Journal of Cleaner Production*, 2021 (284): 124702.

[148] S Shan, J Peng, Y Wei. Environmental sustainability assessment 2.0: the value of social media data for determining the emotional responses of people to river pollutionea case study of Weibo (Chinese Twitter) [J]. *Socio -Economic Planning Sciences*, 2020: 100868.

[149] S Zeng, B Su, M Zhang, et al. Analysis and forecast of China's energy consumption structure [J]. *Energy Policy*, 2021, 159: 112630.

[150] C Zhang, B Su, K Zhou, et al. A multi -dimensional analysis on microeconomic factors of China's industrial energy intensity (2000 -2017) [J]. *Energy Policy*, 2020, 147: 111836.

[151] C Zhang, B Su, K Zhou, et al. Decomposition analysis of China's $CO_2$ emissions (2000 -2016) and scenario analysis of its carbon intensity targets in 2020 and 2030 [J]. *Science of the Total Environment*, 2019, 668: 432 -442.

[152] H Yang, C Peng, X N Yang, et al. Does change of industrial structure affect energy consumption structure: A study based on the perspective of energy grade calculation [J]. *Energy Exploration & Exploitation*, 2019, 37 (1): 579 -592.

[153] 郑明贵，李期．中国2020—2030年石油资源需求情景预

测［J］. 地球科学进展，2020，35（3）：286－296.

［154］Y R Huang，S H Li，R Wang，et al. Forecasting oil demand with the development of comprehensive tourism［J］. *Chemistry and Technology of Fuels and Oils*，2021，57（2）：299－310.

［155］Y R Huang，J Lin，Y Y Wang，et al. Forecast of fossil fuel demand based on low carbon emissions from the perspective of energy security［J］. *Chemistry and Technology of Fuels and Oils*，2023，35（1）：1075－1082.

［156］李洪兵，张吉军. 中国能源消费结构及天然气需求预测［J］. 生态经济，2021，37（08）：71－78.

［157］X Z Pan，L N Wang，J Q Dai，et al. Analysis of China's oil and gas consumption under different scenarios toward 2050：An integrated modeling［J］. *Energy*，2020（195）：1－10.

［158］Y R Huang，M Chen. Key technology difficulties of crowdsourcing in petrochemical industry［J］. *Chemistry and Technology of Fuels and Oils*，2019，5（615）：81－85.

［159］唐浪，汪鹏，任松彦. 从能耗双控到碳双控：多视角下的政策对比［J］. 科学技术与工程，2024，24（25）：11019－11029.

［160］M Yuan，H R Zhang，B H Wang，et al. Downstream oil supply security in China：Policy implications from quantifying the impact of oil import disruption［J］. *Energy Policy*，2020（136）：1－17.

［161］Y L Shan，D B Guan，H R Zheng，et al. Data descriptor：China $CO_2$ emission accounts 1997－2015［J］. *Scientific Data*，2018，5：1－14.

［162］栗灵. 中国能源三部曲中国能源行业发展历程回顾［J］. 国资报告，2024（10）：50－55.

［163］方瑞瑞，冯连勇，李泽. 2023年中国油气进出口状况分析［J］. 国际石油经济，2024，32（06）：71－79.

［164］新华社. 中共中央国务院关于完整准确全面贯彻新发展理念做好碳达峰碳中和工作的意见［EB/OL］. http：//www. gov. cn/

zhengce/2021 - 10/24/content_ 5644613. htm.

[165] A Khalid, J Muhammad. Carbon emissions and oil consumption in Saudi Arabia [J]. *Renewable and Sustainable Energy Reviews*, 2015, 48: 105 - 111.

[166] W Rida, S Sahar, W Chen. The survey of economic growth, energy consumption and carbon emission [J]. *Energy Reports*, 2019, 5: 1103 - 1115.

[167] Z X Weng, Y Q Song, H Ma, et al. Forecasting energy demand, structure, and $CO_2$ emissions: A case study of Beijing, China [J]. *Environment, Development and Sustainability*, 2022: 1 - 23.

[168] 徐英俊，丁少恒，罗艳托．中国新能源汽车发展及其对汽油需求影响的长期趋势预测 [J]. 国际石油经济，2022，30 (08): 32 - 40.

[169] 郭煜，刘丽丽．基于能源消费弹性系数法的能源消费预测——以陕西省为例 [J]. 煤炭经济研究，2022，42 (01): 4 - 10.

[170] C Yuan, Y Zhu, D Chen, et al. Using the GM (1, 1) model cluster to forecast global oil consumption [J]. *Grey Systems: Theory and Application*, 2017, 7 (2): 286 - 296.

[171] M A A Al - Qaness, M Abd Elaziz, A A Ewees. Oil consumption forecasting using optimized adaptive neuro - fuzzy inference system based on sine cosine algorithm [J]. *IEEE Access*, 2018, 6: 68394 - 68402.

[172] 李振宇，卢红，任文坡，等．我国未来石油消费发展趋势分析 [J]. 化工进展，2016，35 (06): 1739 - 1747.

[173] 张露，李永安，王崇．基于相关分析和回归分析的能源消费影响因素研究 [J]. 中国能源，2020，42 (06): 42 - 47.

[174] 张文彤，董伟．SPSS 统计分析高级教程（第 2 版）[M]. 北京：高等教育出版社，2017.

[175] 刘华军，石印，郭立祥，等．新时代的中国能源革命：历程、成就与展望 [J]. 管理世界，2022，38 (07): 6 - 24.

# 后　记

本书是浙江省哲学社会科学规划交叉学科及冷门“绝学”项目“‘双碳’目标下基于数据挖掘的浙江省新型能源体系建设研究”（项目批准号：24JCXK09YB）的研究成果之一；同时，也得到了国家自然科学基金青年项目（项目批准号：72101235）；国家留学基金公派访问学者项目（项目批准号：CSC202108330330）；浙江省软科学研究计划软科学重点项目（项目批准号：2022C25020）；浙江省科技厅软科学项目（项目批准号：2023C35012）；浙江水利水电学院南浔学者项目（项目批准号：RC2023010979）和浙江水利水电学院软科学研究基地培育项目（项目批准号：xrj2022018）对研究工作的支持，在此表示感谢。

在本书的创作和撰稿过程中还得到了浙江水利水电学院经济与管理学院赵志江院长、王心良院长，武汉大学陈珉教授和徐绪松教授的鼓励和支持！感谢所有参与本研究的合作研究者和团队成员，在资料整理、数据采集、模型构建和实证分析等方面做出的大量富有成效的工作。感谢为本书撰写与研究提供宝贵意见和建议的各位专家学者。

衷心感谢水利水电学院南浔创新研究院对本研究和出版工作的大力支持。贵院不仅为研究提供了宝贵的资源和指导，还在各方面给予了我们充分的协助，尤其是在项目技术支持和学术交流等方面的积极推动。

同时，感谢中国财政经济出版社的编辑团队，感谢他们在整个出版过程中所付出的辛勤努力与专业精神。编辑团队在文稿的审校、排版和出版环节中，展现了极高的敬业态度与严谨细致的工作作风，确保了本书能够顺利出版并呈现出最优质的成果。

鉴于作者水平有限，不当之处在所难免，敬请各位同行、读者批评指正，不胜感激。（作者邮箱：hyanrong@ 126. com）

**黄艳蓉**

2024 年 1 月